知识的大苹果+小苹果丛书

Les bactéries, une chance pour l'humanité

细菌是人类的幸运吗

Peut-on vivre sans risque

如何毫无危险地生活

U0182075

[法]约翰·海利克 让-马克·卡维东 著

余春红 陈丽娟 译

上海科学技术文献出版社
Shanghai Scientific and Technological Literature Press

图书在版编目（CIP）数据

　　细菌是人类的幸运吗·如何毫无危险地生活／（法）约翰·海利克，（法）让-马克·卡维东著；余春红，陈丽娟译．—上海：上海科学技术文献出版社，2019（2020.9重印）

　　（知识的大苹果＋小苹果丛书）

　　ISBN 978-7-5439-7913-0

　　Ⅰ. ① 细…　　Ⅱ. ①约…②让…③余…④陈…　　Ⅲ. ①细菌—普及读物　　Ⅳ. ① Q939.1-49

　　中国版本图书馆 CIP 数据核字（2019）第 089634 号

选题策划：张　树　　责任编辑：王倍倍　杨怡君
封面设计：合育文化

细菌是人类的幸运吗·如何毫无危险地生活
XIJUN SHI RENLEI DE XINGYUN MA · RUHE HAOWU WEIXIAN DE SHENGHUO

[法]约翰·海利克　让-马克·卡维东　著　余春红　陈丽娟　译
出版发行：上海科学技术文献出版社
地　　址：上海市长乐路 746 号
邮政编码：200040
经　　销：全国新华书店
印　　刷：常熟市华顺印刷有限公司
开　　本：787×1092　1/32
印　　张：6.875
字　　数：66 000
版　　次：2020 年 1 月第 1 版　2020 年 9 月第 2 次印刷
书　　号：ISBN 978-7-5439-7913-0
定　　价：30.00 元
http://www.sstlp.com

目 录

细菌是人类的幸运吗

为什么我想咬苹果

如何毫无危险地生活

为什么我想咬苹果

细菌是人类的幸运吗

果实爱咬想我乜什么不

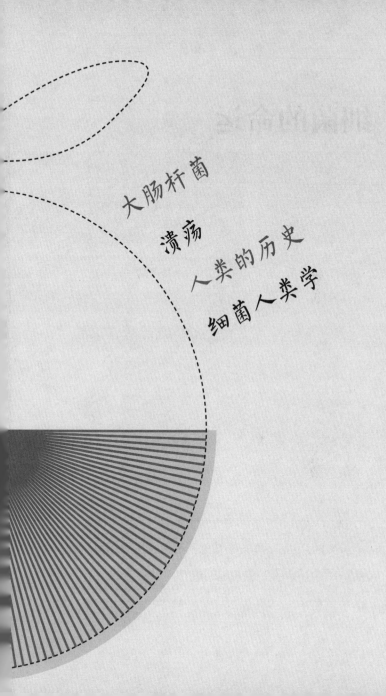

大肠杆菌

溃疡

人类的历史

细菌人类学

细菌的命运

为什么要写一本关于细菌的书？这个问题其实包含着一系列更深刻、更有趣的思考。

对细菌感兴趣，在一定程度上，就是思考为什么生命会存在？我们是谁？我们从哪里来？因此，"细菌是什么"这一问题就变成了"人类是什么"，因为人类如同其他生物一样，也源自细菌。

追根溯源，细菌是地球上所有物种的祖先。首先，从细菌中诞生了细胞生物（后面会详谈），进而演化出丰富多样的生命形式。如果说没有细菌，人也可以活下去，那么还有一点不容置疑：假如没有细菌，我们根本就不会出现在地球上。因此，细菌既渺小，又伟大，地球上的生命始于细菌，终于细菌。即使人类在地球上消失很久之后，细菌仍将存在，而且具有无限创造性，并且无比聪明。

细菌还聪明啊？这更像是一个哲学问

题——至少从细菌的角度来看。细菌也像人类一样懂哲学吗？对，哲学与细菌密切相关：哲学家，甚至他们最深刻的思想都是由细菌构成的。我们本身就是无数细菌和微生物的载体，是由它们所组成的生物系统代代相传。我们和细菌互相利用，达到各自的目的[①]。

当然，细菌的确与肮脏密不可分：泥土中所包含的细菌个数达到 1 030 数量级；运动完后身上臭臭的，是由于腋窝汗液中的细菌；我们嘴里每厘升口水中大约有 1 亿个细菌，所以会出现口臭等现象，因此需要经常清洁牙齿。对，细菌是脏的，但我们却离不开它们，因为细菌为我们提供的服务简直不计其数。

———————

① 法语中"各自的"和"干净的"是一个词，即propre。

无法想象细菌对我们多么有用！其实我们才刚刚开始认识它们。然而，尽管细菌的益处超乎想象、令人着迷，这还不足以解释我为什么要写这本书……

噬菌体，尼尔·阿姆斯特朗和几个哲学问题

我对细菌的兴趣由来已久，记得上大学的时候，在细胞生物学课上，我发现了噬菌体，即感染、消灭细菌的病毒。当我第一次看到这种病毒的照片时，我非常惊讶。那张照片让我想起童年时最难忘的时刻：电视上看到的人类登月。

应该说噬菌体不是和尼尔·阿姆斯特朗相像，而是像极了运送宇航员的宇宙飞船。像飞船一样，噬菌体有着又尖又长的腿，以便在细菌表

面进行登陆，并紧紧相连；它还拥有一个圆柱形的、几何图形般精确的舱，用来放置病毒生存所必需的物质。它其实就是从一个到另一个细菌、跨越细菌空间并将其杀死的机器。因此，我问老师是否可以将它应用于治疗病人，瞄准细菌，一举歼灭？"早就有人这样想了"，老师回答道，"不过我们有更具杀伤力的武器：抗生素。"

为什么噬菌体长得像宇宙飞船呢？这个问题令我着迷。我的一位大学同学，学的是哲学专业，如今是精神科医生，当时正在读雅克·莫诺的《偶然性与必然性》，这是一本关于现代生物学和自然哲学的论著。作者在书中探讨了生物体（噬菌体或人类）外形形成的内因，提出这些内在动力可能与水晶的形成类似，显微镜下我们才可以观察得到是什么力量促使水晶生成呈几何形状、变幻无穷的晶体结构。噬菌体是杀死细菌并自我繁殖的"活水晶"吗？

被噬菌体所侵害的细菌长什么样子呢？也像水晶吗？不，它更像是一根小棍，尖尖的。上面的绒毛像小猫的胡须，细菌还拖着长长的尾巴，医学术语中称作"鞭毛"，像螺旋桨一样转动着，推着细菌跑。细菌的构造像一艘船，也是从一个地方驶往另一个地方，从一个人到另一个人，以便能够存活下去。

当时，这种细菌是地球历史中仅次于人类的热门研究物种，而它又恰好来自我们的肠道。在那时，我没想到自己后来竟然会花那么多时间去研究大肠杆菌。我上学时读的是哲学专业，在那次与噬菌体和细菌的相遇之后，我变成了生物学家，并从事教学工作。

但是这种细菌在我肚子里干什么呢？我们之间又是什么关系？它对我的生活有什么影响？我继续从更具体的方面着手研究大肠杆菌。直到有一天，人们似乎找到了答案，而答案就来自溃疡。

当时人们以为溃疡是由心理因素引起的。无论男女，经常生气的人比平静安详的人更容易得这种病。根据这一认识，溃疡的病因是心神不宁导致胃酸过多，也就是说溃疡是由于过度焦虑，是纯精神性的。因此，只需要采取心理疗法，服用药物降低胃酸。

然而一个伟大的发现证明了这一切都是错误的。溃疡并非起因于烦躁不安，而是源自一种细菌：幽门螺杆菌。用抗生素治疗后，效果好多了。这让人联想到了其他问题：人之所以心烦意乱，难道不是细菌引起的吗？焦躁不安与溃疡，到底谁是因，谁是果？我们的行为、与众不同的性格、心理疾病等，可以从细菌和其他微生物中得到解释吗？与我们共生或生活在我们身上的细菌会影响或是支配我们吗？如果细菌为了达到其目的而能够控制我们的情绪，那它还真是高智商生物啊！

这个貌似离奇的想法最近已经得到了信服。据说拿破仑兵败滑铁卢是因为痔疮：被细菌搞得发炎难忍，他才做出了错误的决定，导致战争失败，从而改变了整个欧洲的命运！还有，庄稼感染了麦角病——一种能使人产生强烈幻觉的细菌，使得农民们癫狂不已，因此发动了法国大革命和大恐慌。难道是细菌给我们带来了自由、平等、博爱吗？

当然，历史事件并非如此简单，但我们为什么不能考虑微生物对人类行为的影响呢？最新研究表明还有另外一种寄生虫，即弓浆虫，可以改变老鼠的行为：被感染后，老鼠变得非常喜欢猫的尿液，主动去找猫，猫吃掉它们以后，也就感染上了这种微生物。然后猫回到家中，传染给主人。主人也喜欢上了猫的尿液。这种微生物通过改变人体内的细菌结构，从而影响人的行为：角色颠倒，猫变成了主人，而主人成了猫的随从！奇怪的是，这种微生物对女人的心理影响更为显著，所以我们才会经常听到一位老妇人和 40 只猫的故事。其实，真正的主人是微生物和细菌，它们改变猫和人的行为，以确保前途无忧。

微生物对人的行为有时会产生决定性的影响，从而改变历史进程，这其实并非新鲜事。对这一论断最著名的（但不是最早的）宣传要归功于加拿大历史学家威廉·麦克尼尔。在《瘟疫与人》一书中，威廉·麦克尼尔研究了细菌在重大历史事件中所扮演的角色。在《枪炮、病菌与钢铁：人类社会的命运》中，作者贾雷德·戴蒙德从人类社会与文化演变的角度继承并发展了这一观点。这两部著作都探讨了微生物对人类社会关系的间接影响。那么，细菌对个人行为更直接、更密切的影响是什么样呢？

今天，关于细菌和人类之间密切互动的论断已足够普及，甚至可以成立一门新的学科，就称作"细菌人类学"吧，即从人类心理、社会和文化的角度来研究细菌。

我最初开始学哲学，就是因为我对人类重大哲学问题很感兴趣，后来又研究微生物，对于细菌的研究使我重新开始思考人类的本质，包括理性的和非理性的。

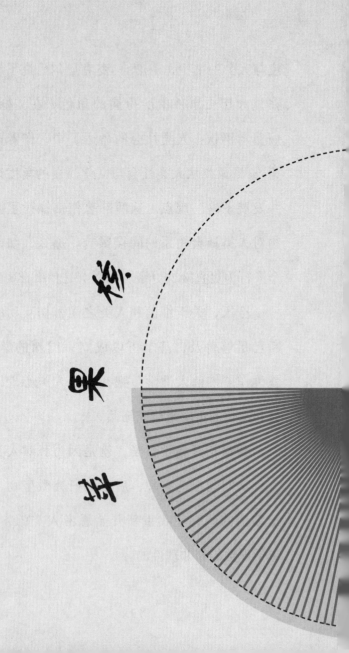

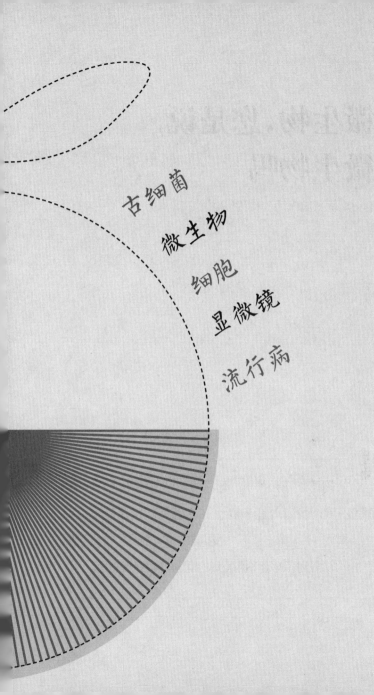

古细菌

微生物

细胞

显微镜

流行病

微生物，您是说
微生物吗

我们可能毫无察觉，但在生命中的每个时刻，细菌都在我们身边，围绕着我们：微生物的世界……

直到 17 世纪，人们才发现丰富的细菌世界，直到有些问题得到了解答，许多其他问题才相继被提出……

"微生物"一词指的是所有肉眼看不见的单细胞生物,与"微小生物"词意不同。我们用肉眼也看不见"微小生物",例如螨虫、蚜虫等,但它们不是单细胞生物,而是由许多、甚至成千上万个细胞构成,各个细胞一起发挥作用,保证机体的活力。

"微生物"和"微小生物"都需要用显微镜才能看到,在显微镜下,它们被放大到几百倍,甚至几千倍,这也是为什么我们很晚才发现微生物。一直到17世纪发明了显微镜,我们才总算能看见它们。一位不善社交、有点儿古怪的荷兰人,名叫安东尼·列文虎克,多亏他发明了显微镜,使得人们第一次看见了细菌。

一天早晨,安东尼起床后,突然想看看过了一夜,嘴里到底发生了什么。他在牙齿上刮了点东西，放到他新发明的显微镜下观察。伟大的科学发现：安东尼原来不是独自生活，而是和一大群野蛮的"小动物"一起，对，他当时是这么称呼细菌的。在他的嘴里居然住着细菌，今天我们知道细菌其实居住在身体的各个部位，有些科学家认为，甚至也包括大脑。安东尼所发现的正是庞大的细菌世界：由单细胞构成的生物。

细胞和外界之间被一层薄膜隔开，这层薄膜由蛋白质、糖和脂物（脂肪酸）构成。整体看上去就像一个包，里面的东西摆放整齐，包括构成生命的所有成分：酶、能量，当然还有建造新细胞所需的指令（基因），细胞不断更新才能保证生物的再生和繁殖。

第一个细胞从哪儿来？尽管我们现在很了

解细胞生物学，但细胞生命的来源却一直是个谜。有些科学家认为细胞与生命的起源是一致的，随着最早一批单细胞生物（原始细菌）的出现而开始，即始于地球形成后的数百万年。因此，细菌是我们这个星球上最古老的生物。与之相比，最古老的智人才存在了 15 万—20 万年。

所有的生命都源自细菌：微生物、植物、动物，即使我们都有些亲缘关系，但是得追溯到数十亿年前才能找到共同的祖先，目前科学家在这方面的研究非常活跃。

细菌及其他微生物

微生物包括许多分支，不同分支之间差异明显，不亚于人类和它们的区别：酵母、单细胞生物（例如阿米巴虫）、传染性蛋白微粒、病毒和细菌。

除了病毒和传染性蛋白微粒需要在细胞生物内生活繁衍之外，其余微生物基本都可以脱离其他机体单独进行繁殖，它们自给自足，从食物中自己产生能量（adenosine triphosphate, ATP）。因此，病毒和传染性蛋白微粒可能不被视为"活的"生物。

细菌和其他单细胞微生物之间的主要区别在于细胞膜。细菌拥有一层很结实的膜，这也是它寿命超长的原因之一，而其他微生物的膜一般都比较轻薄，而且对环境更为敏感。每一种膜适合特定的菌种，有助于我们区分不同的生命形式，每个菌种也都有各自的住所。

还有一个更重要的区别：其他微生物，我

们称之为"真核细胞"，是由细菌（原核生物）在二十亿年前所创造的，起源于当一个细菌感染了另外一个更大的细菌。因此，真核细胞具有一个跨细胞的核，它被一层薄膜包裹着，包含基因物质。而原核生物没有细胞核。

所以，真核细胞（包括植物和动物）源自两种、甚至三种不同细菌的相遇，它们在融合成新的生命形式之前成功地生活在一起，即共生。我们后续将详细讨论，"共生"其实是复杂机体进行演化的主要动力之一。目前，只需记住人类、动物和植物都是源自细菌的细胞群。

细菌的世界

几十年前，大家说起细菌就想到疾病。今天，科学家们采用另外一种眼光看待细菌，对细菌本身更感兴趣。细菌科学正在蓬勃发展。

细菌如何生活

细菌直接从环境中汲取营养。一般情况下，细菌在自己的细胞外进行消化，并产生催化蛋白，即"酶"。通过扩散或者积极运送的方式，主要营养和矿物质随后进入细胞内部。积极运送指的是一种化学泵，能使营养物穿过细胞壁而进入。

根据不同的给养方式，可以把细菌分为三类：自养类利用太阳能从二氧化碳中汲取营养；化学给养（或石化给养）类也是从二氧化碳中吸取养分，但所使用的是化学能；异养类靠的是"消费"其他有机物。在异养类细菌中，分解菌（或腐生菌）以死亡的有机物或动物粪便为食，在生态环境的稳定中发挥重要作用。

　　细菌的个头大小与生活方式密切相关。通过扩散方式给养的细菌体型较小，细胞的表面积和体积保持一定比例，体积比表面积的增长速度快得多。为了使表面积与体积比例达到最佳状态，这类细菌的直径一般为 1~5 微米，比人类的细胞小 10~100 倍。至今所发现的最大的细菌约为 0.75 毫米，最小的直径为 50~500 纳米（被称为"纳米细菌"）。

　　还有另外一个因素，可以帮助我们识别细菌的生活方式，那就是生长率：根据食物资源的丰富程度，其生长率简直千差万别。在富裕的环境中，细菌每 20 分钟繁殖一次，因此一个细菌可以在一夜之间变成 10 亿个！假如细菌不死亡，而且资源足够丰富，几天之内，地球上细菌的总重量将超过整个宇宙。因此，死亡似乎是物种基因得以存活的主要适应现象。相反，在养分匮乏时，某些细菌可以进入休眠期，长达几周，甚至数月。其他细菌则会形成一种"内生孢子"，这种囊非常结实，就像一粒种子，能够在条件成熟时再产出整个细菌。以"内生孢子"的形式，细菌可以存活数百万年：在具有一亿三千五百万年历史的琥珀中，曾发现了处于休眠状态的细菌，因此它是地球上最古老的生物。有一种理论，泛种论，它甚至认为地球上的生命都源自彗星所带来的孢子，整个过程就像一次细菌感染一样……

细菌在哪儿生活

我们经常把细菌和卫生状况差或肮脏联系

在一起，但其实细菌几乎无处不在，无论我们洗漱与否：1平方厘米的皮肤上大约有十万个细菌，照此推算，就全身皮肤而言，这个数字可以达到一百万。体味菌，是人体汗液里的一种细菌，会产生决定我们体味的化学物质。虽然肉眼看不见，但凭气味却更容易察觉到该细菌。

　　实际上，细菌属于地球上数量最多的有机物之一。据估计，大约有四至六百万不同种类的细菌（目前已经确认的有四千余种）。所有这些细菌的生物量（总重量）比地球上其他所有有机物的总和还要大。植物是我们这个星球上第二大生物，而细菌是它的十倍。一个细菌的平均重量只有三十亿分之一毫克，而红杉，目前最大的植物，其平均重量为 1 公担（即 100

千克），因此，细菌的数量之多可想而知：全球细菌的总量约为 5×10^{29}，1 克土壤可以容纳 6 400~38 000 种微生物。地球上的总人口数量约为 6×10^9，因此，对于我们每个人而言，会碰到大约 10^{20} 个细菌。

细菌不仅是数量最多的生物，而且还是适应性最强的生物。人们在死海、南极、平流层和云朵里都发现了细菌，甚至在一些细菌的体内还生活着别的细菌。细菌还可以生活在温泉中、大洋深处的暖流里，那里的温度超过了水的沸点。在煤油、甲苯等溶剂和电池的酸液中也有细菌。一种特殊的细菌，嗜热嗜酸菌，甚至可以毫无困难地生活在温度极高、pH 约为 1 至 2 的环境中，这相当于浓缩硫酸！细菌还可以生活在地下 3.5 千米处，而任何其他有机物在那里都会由于压力太大而粉身碎骨。更令人惊讶的是，耐辐射球菌，生活在核工厂的冷却系统中，能够承受 5 毫拉德的辐射量，这相当于致人死亡辐射量的一万倍。"阿波罗 12 号"还曾把细菌送到了月球上！其中 50~100 个缓症链球菌存活了下来，这是一种能在鼻子和嗓子里正常生活的细菌，它们经历了宇宙飞行器的发射、三年太空中宇宙射线的"狂轰滥炸"，从冰冻到绝对零度以上 20℃的极端温度，甚至没有营养源，没有水，没有办法获取能量。因此，完全有理由相信细菌可以在星际空间中存活数千年，而这又让人想起了太空旅行和地球生命起源的问题。

我们周围的细菌在干什么

细菌在生态系统和气候调节方面发挥着重要作用。大气主要由三种气体组成：氮（78%）、氧（21%）以及二氧化碳（约占0.04%）。这三种物质与水、硫化物和磷一起，对于任何生命而言都至关重要。碳是所有已知生命形式的基本元素；氮是制造蛋白质所必需的；氧是生产能量所不能或缺的。大部分情况下，这些元素能进入食物链，都是多亏了自养菌，而离开食物链则多亏了异养菌。在其他有机物的帮助下，细菌在碳循环和氮循环过程中回收处理上述元素，从而为地球生命提供稳定足够的保障。

我们就先从氧循环和碳循环开始吧。十亿

年前，大气中氧的出现，正好偶遇第一批真核细胞的诞生，这都归功于生活在海洋中的厌氧菌（尤其是藻青菌）。空气中的氧是光合作用的结果，在光的照射下，植物和细菌以二氧化碳和水为基础，生成碳水化合物。大气中的二氧化碳则来自碳氢化合物的燃烧和动物的呼吸，后者其实也是一种燃烧，因为它也需要氧气来燃烧碳水化合物，排出二氧化碳。因此，光合作用和呼吸是互补的：呼吸所产生的碳量等同于光合作用所消耗的；假如没有光合作用，呼吸将在大约五十年内耗尽地球上所有的氧气，导致全部动物灭绝。

光合作用和呼吸在细胞内专门的空间里发生，这些空间被称作"细胞单元"，是古老细菌的遗留部分，它们拥有自己的基因组，一层细胞膜把基因组和真核细胞的其余部分分隔开来。对于植物而言，光合作用在叶绿体内进行，叶绿体是藻青菌的残留物，藻青菌感染了另一种细菌，并与之融合。无论是动物还是植物，呼吸都在被称为"线粒体"的细胞单元中进行，线粒体也是一种细菌的遗留物，该细菌感染了另一种细菌，并与之融合。

我们现在来看一看氮循环。氮通过细菌而进入食物链，因为植物或动物都无法吸收天然氮。一些生活在土壤中或者与植物根部联合的细菌能够从空气中直接提取氮，这个过程被称为"氮的固定"。这些细菌，尤其是根瘤菌，把氮变成氨，然后其他细菌进行接力，在给养的过程中，把氨又转变为硝酸盐，即肥料。细菌把硝酸盐输送给豆科植物，然后动物吃掉豆科植物，氮也就因此进入了食物链。最后脱氮菌通过分解死去的动植物及其残余废物，使氮又返回到了空气中。这就是氮循环的整个过程。脱氮菌向空气中释放的氮在数量上正好等同于细菌在进行氮固定时从空气中所摄入的。就像碳循环和氧循环一样，细菌在空气和地球生命之间发挥了双重作用：中介和过滤。

为什么细菌会致病

如果说细菌是地球生命的起源，对于很多生命而言，它同样也是终结者。2000年，细菌性疾病夺去了大约五百万人的生命，占当年五千两百万总人数的10%。这个数字看似庞大，但如果与前几个世纪相比，同样的疾病其致死率已大大降低。1900年，人的平均寿命仅为

47岁，而如今是77岁。这应该归功于公共卫生条件的改善，传染性疾病已大幅减少，另外，二战后抗生素的大量使用也是一个重要原因。有一个例外，那就是结核病，1900—2000年，其致死率基本没有变化。三百万的死亡人数，结核病目前是细菌感染导致死亡的头号元凶。

首先，我们要知道单独一个微生物是无法引起疾病的，需要在一定条件下它才可以侵入身体，并开始繁衍。大部分传染性疾病的出现都是因为身体的自然抵抗力紊乱，例如皮肤破损、由于焦虑或其他精神因素导致免疫系统衰退等。因此，引起脑膜炎的细菌，正常情况下与我们的机体是和睦相处的，但在一定条件下，可以穿过血液—大脑屏障，在大脑中肆虐，致人死亡。

另外一个重要因素是细菌的毒性或致病力，与上述因素有关联，因为它在部分程度上也依赖于主体的敏感性，指的是某种微生物感染我们的身体、损害健康的能力。有些正常情况下无害的细菌，有时会变得有损健康，例如把一个细菌的致病基因携带传播到另一个细菌上，这是自然的方式。除此之外，还有人工的方式，即在实验室里人为地进行基因改变（目的是把细菌变成武器，例如炭疽杆菌）。

细菌如何致病

细菌的致病方式有四种：侵占身体，损害其细胞和组织；产生毒素，毒害身体中被感染的部分；毒害整个身体；引起过敏反应或其他形式的高度敏感，使得人体免疫系统开始反应或攻击身体本身。最后一种情况下，相关因素被称为"细菌性超级抗原"，之所以这样命名，是因为它会过分刺激抗体的产生。例如链球菌，它带有超级抗原，能够引起毒素应激综合征。

作为细菌性疾病的主要因素，毒素（一般是损害身体或阻碍身体正常功能的蛋白质）也是最具危害性的。目前我们所了解的大约有220种，属于地球上毒性最高的物质。肉毒杆菌A型毒素毒性极强，不足一微克的吸入量便可使一个人丧命，因此，只需一克便可以杀死一百多万人。

细菌会自然持续地相互交换基因，最好简单地把它们看作疾病的载体，而毒素才是真正的病原体。一个无害的细菌可以几乎纯属偶然地引起死亡性感染,只需要一个毒素基因"驯服"它。这种现象是新发疾病的主要原因之一。例如志贺毒素基因曾把无害菌大肠杆菌 O55:H7 变成了致命菌大肠杆菌 O157:H7。可能只有为数不多的毒素基因,但是它们却拥有无数的细菌,可以感染和侵入人体。

因此,在一定程度上,细菌就是毒素基因的宿体。这种说法比较合理,因为细菌真是没有理由毒害或杀死自己的宿体,如果宿体死亡,它也得死。这一假说能证实"自私基因的理论":细菌和它们所感染的宿体是基因进行繁殖和扩散自身复制品的手段。流行病就是自私基因在人群中进行传播的一种很好的方式。宿体被细菌感染之后,如果自私基因有能力削弱其免疫系统,细菌及其所携带的基因就有更多的机会迅速繁殖。因此,霍乱毒素基因引起大规模腹泻,使得这一基因通过污染周围的水来侵入更多的宿体。

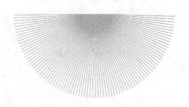

细菌、人类、微生物菌群

生活在我们体内的各种微生物及其基因组统称为"微生物菌群",这个词将人体和它的微生物不做明显区分,适合大众使用。

　　根据这一观点，人体就是细菌性细胞的集群，那些细胞在人体中创造了一个复杂的生态系统，一种被称为"延伸表现型"的现象：我们的人类特征远远超过了我们自己的基因，它还包括其他机体的功能和基因。其实我们体内的细菌基因是人类基因的两百倍左右！

　　说得极端一些，按照微生物菌群这一概念，甚至可以认为我们体内的细菌构成了一个真正的器官，对身体功能发挥着重要作用。这个想法很离奇吗？当我们得知人体肠道50%的重量都是细菌时，还能对肠道及其菌群进行真正的生理学区分吗？是否应该把它们看作同一器官功能互补的两个部分呢？是否在某种意义上构成了一个"超级器官"？有些科学家，例如1958年生理学或医学诺贝尔奖获得者乔舒亚·莱德伯格，认为我们是由来自不同物种的不同细胞所组成的超级有机体："如果把人看作不止一个简单的有机体，我们的哲学视野将会拓宽。我们是超级有机体，延伸的基因组不仅包括我们自己的细胞，而且还有一系列细菌和病毒等微生物的基因组，它们生活在我们体内，变幻不定。"

能不能把细菌看作我们身体的正常延伸？换句话说，我们依靠细菌吗？以何种方式？这个问题看似无足轻重，其实却非常复杂。在揭示答案之前，我们先了解一下什么是共生。

共生是什么

构成微生物群的有机体在人体中享有很大优势，人体温暖舒适，而且营养丰富。我们的肠道能使细菌快速增长，并给它们提供一个基本封闭安全的生态系统。反过来人类也受益于细菌的活动。假如没有它们，我们可能不会是杂食性的。细菌帮助我们消化各种食物，从肉类到蔬菜。人类和细菌的这种相互作用就是共生的典型例子。

"共生"在希腊语中表示"一起生活"。这是否意味着像一家人一样生活呢？不一定。共生其实倡导一种更为亲密的生活方式：永久性直接接触。

共生包括以下三种类型：一是寄生，即一个有机体利用另外一个；二是互惠互助，即有机体之间互相利用；三是共栖，即双方在这种亲密合作中既不获利也没损失。这三种类别都有一定的持续性。地球上所有的动植物其实都在与成千上万种微生物共生。

在我们体内，细菌无处不在。预防感染的第一道防线是皮肤，但皮肤上也布满了细菌。这些细菌会散发出抗菌物质（抗生素），使得皮肤对于其他细菌而言是有毒性的。皮肤上数量最多的细菌就是葡萄球菌和小球菌层。

尽管唾液有很强的抗菌性，但是口腔里也充满了细菌：每毫升唾液中的细菌数量大约为 10^8！许多种类的细菌生活在舌头、牙齿和牙龈上。两种链球菌会引起龋齿，其中之一，即变形链球菌，会产生葡聚糖，使得它能以牙菌斑的形式粘在牙齿上，它就是安东尼·列文虎克在他的显微镜下所看到的那种细菌。还有很多种细菌生活在呼吸道内，有的能引起肺炎等疾病，例如肺炎链球菌，而脑膜炎奈瑟氏菌能引起脑膜炎。

　　胃肠道内更是少不了细菌，尽管胃里有很强的酸性。肠道里住着人体内的大部分细菌，其中有四百至一千种是厌氧菌或兼性厌氧菌，即有没有氧气都能活。99% 是拟杆菌属和梭菌属，在消化过程中发挥着重要作用。在结肠中，1 克物质就包含 $10^9 \sim 10^{11}$ 个细菌，粪便的 30%~70% 由细菌构成。

　　正常情况下，泌尿生殖器中是无菌的，除了尿道末端和阴道，每毫升阴道分泌物中含有 10^8 个细菌。通过增加其酸度，乳酸杆菌能防止其他微生物入侵，例如念珠菌，一种引起阴道感染的真菌。

　　最后，葡萄球菌、链球菌和奈瑟氏菌还生活在眼睛里，尤其是眼角膜。当我们睁眼看东西时，其实是透过细菌看出去的。

心脏、大脑、脊椎、肾和膀胱是无菌的，除非被纳米细菌感染。这些细菌可能会导致矿化，从而引起心脏和肾脏的某些疾病。当人体中数十亿细胞之间的互动被扰乱或中止时（这一过程被称为"失调"），哪怕只是某一种细胞进行反抗，与其他细胞为敌，人也会得癌症甚至死亡；互惠互利型的共生能保证我们的生存和幸福，而当它变为破坏性的寄生时这种情况我们到后面再讲。

五十年以前，我们以为人体中的细菌种类是几百种。今天，我们知道至少有一千多种细菌永久性或非永久性地生活在人的身上，形成了"基础微生物菌群"，然而它的构成却有可能因人而异，每个人都有自己的微生物菌群。

微生物菌群：被遗忘的器官

最近之前，人们一直忽略微生物菌群在人体中的作用，因此称它为"被遗忘的器官"。今天，人们成功识别了这个非常复杂的"器官"。许多科研团队致力于研究人体微生物菌群中各种细菌的所有基因，在很多科学领域都出现了革命性的研究成果。尽管我们目前还远没有完全理解其运行模式和对人体健康的影响，但是至少我们不再把它看作是人体的"附属器官"，因为它给我们所提供的服务简直太重要了。

在消化系统中，微生物的新陈代谢活动和肠道同样重要，对肠道有补充作用。从代谢的角度看，我们之前讲过，微生物菌群在食物的转变过程中发挥着至关重要的作用，有利于食物吸收；它还帮助我们消化多糖、吸收微量元素（例如铁，保证血氧供应）、合成维生素，例如维生素 B 和 K，对于血液凝固和儿童成长期的骨骼形成必不可少。

和消化系统"联手"，肠道微生物菌群有益于人体环境稳定，即保持机体内生理常数稳定，使其正常运转。

人体的卫兵

微生物菌群对于我们的免疫系统也非常重要，构成了抗感染的第一道防线。每种细菌在人体内都有自己的一席之地，这就使得致病菌的入侵非常困难。

这是竞争性排他法则。根据这一法则，微生物菌群消耗掉入侵细菌所需要的大部分资源，导致入侵者无法增长繁殖，因而最初的感染就不会演变成疾病。

微生物菌群还像"天然疫苗"一样，促使免疫系统以有效的方式对抗有害菌。感染时的发炎要归功于它，而发炎正是免疫系统的回应。无菌鼠（即没有微生物菌群）的实验就证明了这一点：拥有完好微生物菌群的老鼠在感染了十种沙门氏菌之后还能够存活，而没有微生物菌群的老鼠则很快就死掉了。

因此，多亏了微生物菌群这一抗菌屏障，我们才更有抵抗力，多亏了它的"家族疫苗"，当感染来临时，我们的患病概率才大大降低。我故意使用"家族"这个词，因为是亲人给我们传递了最初的微生物。虽说人人都有"自己的"微生物群，像指纹一样是个人专属，但这个微生物群在构成上与其他家庭成员非常接近。一起生活的人（即使共属同一个社团）都或多或少拥有同样的微生物群。我们从父母那里继承了人类基因以及微生物基因。人们之间的家庭或社团关系越疏远，其微生物菌群就越不相似。

微生物菌群：一件家事

微生物菌群的构成从人出生之时就开始演变，一直持续到衰老。细菌进入人体的第一个通道就是子宫。即使在出生之前，胚胎中就已经包含了母体的一部分细菌。以前人们认为子宫和羊水是无菌的，但是对新生儿的胎粪进行化验，证明其实在出生之前，胚胎的肠道中就已经有细菌了。

　　这些出生之前就带有的细菌来自胎盘，通过脐带和羊水进入胚胎，从第三季度开始，胚胎会大量吸入羊水，但是婴儿只有在离开子宫时才第一次接触到母亲泌尿系统和胃肠道的细菌，然后，细菌在新生儿的体内安定下来，这个过程意义重大。在新生儿生命的第一周，微生物菌群主要包括五种菌类：硬壁菌门、无壁菌门、变形菌门、拟杆菌门和梭杆菌门。奇怪的是，这第一批微生物菌群在构成上居然和成年人口腔内的菌群非常接近。

　　接下来的菌群传递发生在哺乳期。首先是皮肤上的菌群，然后，母亲肠道菌群中的某些细菌将通过母乳传给宝宝。剖腹产婴儿的微生物菌群不同于自然生产的婴儿：它主要来自母亲的皮肤。这对于婴儿的健康和发育并非没有影响，尤其是到了青少年时期，相关影响会逐渐显现出来；普遍认为湿疹、哮喘和过敏可能与孩子的微生物菌群不健全有关。我们到后面再详谈。

虽然我们的第一批微生物菌群与母体基本一致，但是从三岁起，孩子的微生物菌群就已和成年人非常类似。从几百种细菌增长到一千多种，这一生物多样性（不仅微生物的种类多，而且每种细菌的数量也很多）在人的生命过程中会不断变化和增加。婴幼儿断奶后，开始吃固体食物，此时他的微生物菌群也开始转变。渐渐地，其微生物菌群与父母、兄妹、表兄妹等越来越相似……

儿童的微生物菌群非常不稳定，免疫系统也处在变化之中（像身体其他系统一样）。青少年时期可能会出现失调，正好与激素变化同时发生，有时会表现在皮肤上，形成痤疮，这是由金色葡萄球菌引起，即痤疮丙酸杆菌。

即使微生物菌群随着时间推移稳定了下来，但每次内分泌系统的大变化（青春期、孕期、更年期）都能使其发生改变。

从65岁起，微生物菌群的多样性开始下降。老年人的微生物菌群具有一个显著特征，即有些菌种减少，有些菌种增加：不同人之间的微生物菌群差异增大。

我吃故我在

哪些因素决定微生物菌群的构成呢？除了年龄之外，最主要的就是食物类型、气候、职业、性别、卫生、疾病以及所生活的社区。

但是影响最深的还是食物，它是人类文化的决定性因素。例如，实验证明吃肉能够改变微生物菌群的构成。在日本，研究者发现了一种肠道微生物，专门用于消化藻类（日本人的最爱）。在非洲，吃高粱长大的孩子们体内有一群特殊的微生物，能够吸收该种谷物的纤维素。对一般人而言，高粱是很难消化的，类似的例子不胜枚举。

饮食中不同的营养成分有利于不同种类的细菌，因此，每个人或每个社团的微生物菌群构成都有所不同，例如，普氏菌属偏爱富含碳水化合物的饮食习惯，纤维有利于双歧杆菌的生长，而拟杆菌喜欢脂肪丰富的环境。

某些与饮食习惯相关的健康异常可能会损害微生物菌群，而微生物菌群的损害反过来会引起消化疾病,如克罗恩病、敏感性肠道综合征、痔疮、肥胖、厌食、糖尿病等,甚至还有认知或心理疾病,我们到后面再详谈。

所有这些因素的影响依赖于我们自己的基因,而基因也影响着每个人微生物菌群的构成。因此,我们的基因和微生物菌群的基因之间舞动着复杂、微妙的旋律,在不同程度上影响着我们的身体,包括大脑思维……

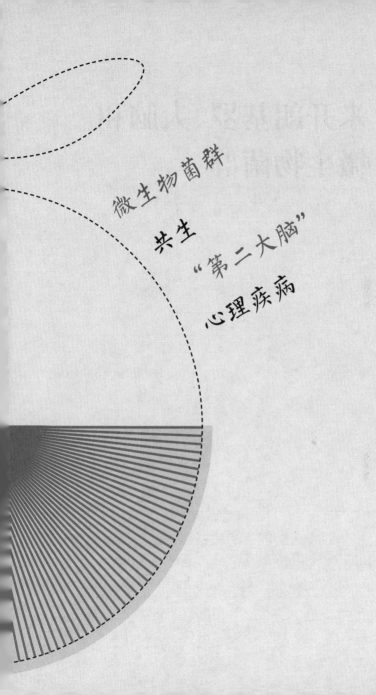

微生物菌群

共生

"第二大脑"

心理疾病

米开朗基罗、大脑和微生物菌群

微生物菌群和人体的共生对于大脑和精神健康至关重要。

我们可以把儿童的大脑比作一块大理石，"图案已存在于大理石之中，我们只需要把它呈现出来"——米开朗基罗曾如此说——换句话说，就是赋予它最终的形式。

在人出生之前和之后，大脑的发育有赖于基因和环境因素之间微妙而复杂的平衡。发育过程中所出现的干扰可能会引起以后认知、运动和情感功能的障碍。人类大脑这一杰作可不容易雕刻……难道微生物菌群就是雕刻人类大脑的米开朗基罗吗？它在大脑的成熟过程中又扮演什么角色？

我们已经知道母亲的健康对于婴儿发育非常重要，尤其是大脑。怀孕期间，激素变化、饮食习惯、精神压力、病菌感染等都会对母体微生物菌群的构成产生影响。在婴儿身上，所有上述因素的变化都和精神性格的发展问题相关，例如孤独症、注意力无法集中、精神分裂症等。在老鼠身上的实验证明了这一密切联系。

出生时，孩子从一个几乎没有压力的环境过渡到了充满（实际的或想象的）威胁的环境，而精神压力，无论哪一种，都对微生物菌群有着深刻影响，例如：与母亲分开、被关闭在某个空间里、人太多、太嘈杂的环境、长时间受热或受冷，所有这些因素都会干扰微生物菌群的构成。

然而，新生儿微生物菌群的建立适逢大脑发育的关键期，尤其是大脑和肠道神经系统中神经元链接的快速增长。此关键期内影响微生物菌群构成的环境因素可能会在很长时间内造成神经认知和神经精神方面的麻烦。即使微生物菌群和神经精神疾病之间的确切联系还有待研究，但有一点不可否认，即成长发育期内微生物菌群和大脑都处于不断变动的状态。

其中青春期就是一个关键期。在此期间，既有激素和认知方面的变化，又有微生物菌群构成的变化，许多心理问题都表现了出来。这是个体独立、勇于探索和实验的一个阶段，青少年把违反社会限制当作自我实现的目标。这种"社会心理膨胀"伴随着微生物菌群的巨大变化，尤其是当青少年走出家庭和小学之后，同时也就走出了家庭微生物菌群，从而开始接触其他的微生物菌群……

实验表明，这种"增加的社会交往"和微生物菌群密切相关，同时引发一些思考：青春期大脑发育过程中微生物菌群的失调会带来什么后果？另外，社会关系或心理方面的问题对微生物菌群会有什么影响？

总之，微生物菌群和人体之间的共生非常重要，特别是在成长关键期（出生前后、青春期），但是我们知道"内部"到底是什么情况吗？

喂,大脑吗?
这里是肠道

　　一段时间以来,我们知道大脑和肠道之间存在着一定的关联。最近,人们发现两个器官之间的关系非常密切,错综复杂。其实我们有两个大脑,它们都得向微生物菌群中的细菌汇报情况。

大脑—肠道轴

很久以来，科学家们知道肠道和大脑能够密切交流。1960—1970年，研究者们发现了大脑和肠道的多种蛋白质，"肠道—大脑轴"的说法正是基于这一发现。两个系统制造同样的生化信号，因此，它们是通过同一个神经元网络连接起来的。这个交流网络的外延是如此复杂，以至于40年后的今天，我们才开始了解其运行模式及影响。

该双向交流网络包括肠道神经系统（即肠道内的神经系统，而肠道经常被称为"第二大脑"）、中央神经系统（脊髓和大脑）、自主神经系统（含有交感及副交感神经分支）和下丘脑—垂体—肾上腺轴（换句话说，即连接大脑和内分泌系统的"精神压力—皮质醇轴")。

第四个系统,即免疫系统,对其他系统起补充作用,旨在维持体内环境的稳定性,以应对不确定、多变的外部环境。这种稳定性使得身体能够以有效的方式回应体内需求和外部挑战。

这些系统之间的双向交流通过肠道神经元(如脊髓神经元)和迷走神经(即"肺胃神经")来进行,尤其是后者。颅神经在调节身体的植物性功能方面最为重要,即自动的、无意识的功能,例如消化、呼吸和心跳。

这种双向交流,以及大脑和肠道之间的深刻影响很容易理解:团结就是力量,系统中任何一方受到刺激都会引起对方的反应,从而构成一个良性循环(我们后面会看到它也可能是恶性循环，暂且先不讲）。

直到最近，我们才知道肠道细胞受到微生物菌群中细菌的直接影响。发现微生物菌群和大脑—肠道轴之间的亲密交流意义重大，一个崭新的神经生物学范式由此诞生：微生物菌群—肠道—大脑轴。

微生物菌群登上舞台

许多证据显示微生物菌群不仅和肠道神经系统互动，还和中央神经系统不断交流。对，细菌和大脑直接交流！这种交流通过内分泌、免疫和新陈代谢系统双向进行。由细菌和其他微生物所产生的代谢物和激素向大脑（与神经内分泌和免疫调节器互动）报告肠道的状况，以及构成微生物菌群的细菌的情况，后者虽属附加信息，却是个大礼包。

这是如何实现的？通过什么机制？我们之前讲过，迷走神经构成了大脑和肠道之间的主要交流机制，它把肠道神经系统中 1 亿个神经元与延髓连接起来，延髓也叫延脑，位于脑的最下部。这是颅神经中最长的一条，之所以被称为"延髓"，是因为它触及所有的内脏器官。从一个器官游荡到另一个器官，在某种程度上，它就是神经系统的"流浪者"，并担任各个器官植物性功能的"导线"。迷走神经其实是副交感神经系统的真正领导，吃顿好饭、睡个午觉后，它所管理的功能便开始运行：唾液分泌、产生眼泪，当然还有消化、排出垃圾（尿液等），以及唤醒性欲望。如果它被过度刺激，人就会晕倒。它还是交感神经系统的调节器，而交感神经负责管理"战斗或逃离"反应（我们以后再讲）。刺激迷走神经还有消炎的作用，这对于饮食系统的健康非常重要。因此，刺激或抑制该神经，肠道中的细菌可以直接影响大脑。

三十年前，有研究首次揭示了肠道细菌对大脑的影响。老鼠口服小剂量空肠弯曲菌后，显得异常焦躁不安，人们观察到此种行为依赖于迷走神经。在其他实验中，研究者们切断该神经，发现焦躁行为消失。

然而，迷走神经并非细菌对大脑施加影响的唯一途径。免疫系统旨在保证肠道内壁和其微生物之间的平衡稳定，通过发炎的方式也可以和大脑进行交流。而微生物菌群直接或间接地影响细胞活素，细胞活素是调节发炎反应，并对大脑产生直接影响的因素，尤其是在精神

压力—皮质醇轴层面。通过这种方式，微生物
菌群教会免疫系统识别陌生微生物，并容忍菌
群内细菌的存在。当这一"教学互动"出现故
障时，无论何种原因，身体往往会出现自身免
疫性疾病，例如湿疹、哮喘、关节炎，或者更
危险的，如狼疮和多发性硬化。如果没有一个
平衡健康的微生物菌群，免疫系统就无法识别
来自外部的、正常情况下对身体没有威胁的东
西，因此会对良性物质产生过敏反应，例如花粉、
霉菌、花生等。

肠道，我们的第二大脑

在人体血液中发现源自细菌的代谢物更加
证实了一个古老的认识，即大脑对于饮食系统
的各项功能具有调节作用。反之亦然：如果我

们改变肠道中的微生物菌群，那么大脑中的神经传输组织和亲神经性信使也随之改变……

微生物菌群中的细菌能够制造出一系列的神经代谢物和神经递质。乳酸杆菌和双歧杆菌制造出 GABA，这是一种能发挥双重作用的神经传递物质：在成人身上，它抑制中央神经系统（阻止神经元过度兴奋）；在儿童体内，相反，它参与刺激中央神经系统，因此，在大脑发育过程中发挥着重要作用。它还和癫痫病的形成有关。

另外一种神经递质，有一个很好听的名字，叫 5-羟色胺（血清素），95% 都是由微生物菌群中的细菌制造，它与看上去毫不相干的两个现象有关：肠道活动机能（被消化的食物在肠道中通过）和情绪情感状态的调节，因为它是去甲肾上腺素的前身。

去甲肾上腺素，由酵母菌和芽孢杆菌菌属在肠道中生成，它在选择性注意、苏醒和睡眠、美梦与噩梦等方面发挥作用，而且它还影响学习和情绪。它本身是肾上腺素的前身。

除了5-羟色胺，另外一种儿茶酚胺类激素多巴胺，也是由微生物菌群中的细菌生成：5-羟色胺是抗抑郁类药物所针对的目标，而多巴胺有助于调节心情和快感，还和各种冒险行为、精神分裂症和帕金森症等相关，而人之所以患帕金森症，就是因为产生神经递质的神经元发生了变性，无法控制地颤抖正是由于多巴胺的缺乏。去甲肾上腺素、5-羟色胺和多巴胺都是受单胺氧化酶的控制，而这种酶也源自细菌。

乙酰胆碱，由乳酸杆菌制造，在神经肌肉连接和大脑中发挥作用，通过建立神经线路模型来组织信息处理，这对于包括学习在内的认知功能非常重要。

这样的例子数不胜数，可见肠道真配得上"第二大脑"的称号。

当微生物菌群影响我们的行为时

人们发现微生物菌群可能与社会行为的发展有关，而反过来，当心理问题出现后……

好的精神压力和坏的精神压力

我们的天性与动物相似，都会受到紧张焦虑的影响。在一个充满敌意和危险的环境中，由紧张所引起的害怕和激动对于机体的存活非常重要。如果我们从不感到害怕，将会成为一个很容易捕获的猎物，就像那些被猫的尿液所吸引的老鼠一样。

我们对外界压力因素的有效反应基于"精神压力—皮质醇轴"。它属于大脑边缘系统，也被称为"爬行动物性大脑"，该部分大脑对人的记忆和情感至关重要。从某种程度上讲，它也是人"情绪激动的中心"，而且由于它还负责记忆性功能，所以当爬行动物性大脑被持续刺激时，就会引发不当行为（正如在上一章开头所讲的良性循环)。

在外界压力或内部发炎的作用下，精神压力—皮质醇轴一旦被激活，它就会促使身体分泌大量激素，从而使肾脏释放出皮质醇。皮质醇是调节紧张情绪的主要激素，它影响人体所有器官，尤其是肠道和大脑。当您害怕时，难道没有觉得肚子里像有许多蝴蝶在扑腾吗？这就是因为皮质醇在激发去甲肾上腺素，而去甲肾上腺素能够刺激肠道神经系统细胞和肠道中的其他细胞。

我们将会看到人之所以能对压力做出有效反应，主要是因为肠道中的微生物，而肠道中微生物菌群的建立需要在生命之初特定的时段进行，以保证神经系统的正常发展，只有神经系统发育完备，人才能有"正常的"行为。

婴儿出生时与母体分离是我们的机体一生

中所遭受的最大压力之一。助产士对此深表同意，而产科医生在很久之后才意识到这一点……

然而，人们越来越发现神经官能症的患病可能性从出生之时就显现出来了。之前讲过，婴儿出生时体内的微生物菌群正在发生深刻变化。人们逐渐明白人生早期在心理、身体或性方面的创伤很可能会导致肠道疾病。由此引发的微生物菌群结构变化将会进一步强化人的不当行为，甚至是病理性行为。又一个非良性循环……由此看来，微生物菌群对人的行为有直接影响吧？

最初，关于微生物菌群和行为之间互动关系的证明由我们之前讲过的无菌老鼠实验提供。研究者们发现这些老鼠不如带菌老鼠那么焦虑，而且这一行为变化与神经递质的信号系统变化相关，神经递质就是连接肠道神经系统和中央神经系统的物质。在另外一些研究中，研究人员挑选几只性情温和的老鼠，把它们的微生物菌群移植到性格暴躁的老鼠体内。移植完之后，原来烦躁不安的老鼠变得不那么害怕了，并且愿意探索周围环境，喜欢和其他老鼠交往。相反，如果把焦虑不安的老鼠的微生物菌群移植到原本安静祥和的老鼠身上，就会使它变得惶惶不安。由此可见行为的变化与神经递质BDNF相关。

同样，在啮齿类动物身上所进行的母婴分离实验也证明了微生物菌群在紧张行为的表现中发挥着重要作用，无菌老鼠就没有焦虑的表现。当然，这是一种非常自然的焦虑……在这种情况下，没有焦虑紧张才不正常呢！

耶克斯–多德森定律说明了紧张在何种程度上对人体有益。如果超过一定限度，紧张就变得有害了。临界点受多种因素的影响,有社会的、心理的和生理的,生理方面的因素就包含微生物菌群。我们可以认为新生儿的紧张情绪在他对母亲的依恋中发挥着重要作用,有助于人类建立最初的社会情感联系。孩子之所以能激发母亲保护自己,正是通过微生物菌群导致紧张焦虑。一个惊恐不安的孩子会使母亲更关注他的需求。例如,孩子在极度紧张时会腹痛(肠道紊乱)就是一个很好的例子,即使有些极端。

催产素神经递质在社会关系如依恋和爱的建立中发挥着作用,它同样还影响乳汁分泌,这似乎并不是偶然,而乳汁分泌是由于分娩时的紧张情绪所导致。因此,紧张对于孩子情感联系的形成和社会化过程至关重要。换句话说,爱由恐惧而生⋯⋯

微生物菌群与精神疾病

关于微生物菌群和精神疾病之间的关系，这些先驱性研究提出了一些有趣的问题，尤其是自闭症，至今还有很多谜团没有被解开。这种病很难界定，精神科医生称之为"孤独性障碍"。自闭症患者一般都有如下症状：社交缺陷、交流困难、感觉迟钝、认知障碍、重复性动作、兴趣单调等。这种病看似纯属行为方面，却和肠道问题以及微生物菌群的改变密切相关。

奇怪的是，自闭症也存在于无菌老鼠身上。关于无菌老鼠的实验无可辩驳地证明了这些老鼠确实表现出社交障碍，并不断重复刻板的动作，这说明微生物菌群在社交行为发展中的重要作用。研究者们发现正常的老鼠愿意和其他老鼠长时间相处，而无菌老鼠则喜欢不会动的鼠类玩具。

在第二种实验里，研究者们把一只正常的老鼠放在笼子里，对面再放入一只它认识的老鼠和两只不认识的。这只老鼠明显喜欢和不认识的两只老鼠交往，表现出猎奇和友好的行为，而无菌老鼠对认识的或不认识的同伴都视若无睹。人类自闭症患者身上有完全一样的行为表现。而且无论是人还是老鼠，自闭症行为症状都和胃肠功能密切相关。

那么其他的行为疾病呢？以精神抑郁为例，这种病竟然和我们的出生方式有关联！研究者们最近发现以剖腹产方式生下的老鼠比自然出生的老鼠更容易情绪波动，也更易患抑郁症。而当人们把乳酸菌（母鼠阴道菌群中的主要细菌）输入抑郁症老鼠体内时，抑郁的症状随即消失。因此，缺乏与母体菌群的接触会导致抑郁……剖腹产还有可能增加患精神分裂症的风险：剖腹产婴儿经常会感染难辨芽子包梭菌，该细菌会引起多种类型的精神分裂症。

我们之前还讲过同一个家庭、同一个社团的成员不仅拥有同样的基因，还有着非常近似的微生物菌群，正因为如此，精神分裂症，像许多其他疾病一样，往往出现在同一个家庭的成员身上，让人以为它是遗传性疾病。但是在何种程度上遗传呢？是人类的基因组还是微生物的基因组？或许是两种基因组之间错综复杂的相互作用……目前来看，这还是个谜。

总是这些最新的、令人震惊的发现给我们带来真正的希望。人类将会找到治愈上述疾病的办法吗？它给患者带来了巨大痛苦，也给社会造成了巨额医疗负担。

我们失去, 如何应对

益生菌

达尔文进化论

文化规约

社会头脑

微生物菌群与人类社会

目前的研究让人看到了治愈病患的希望，同时也提出了新的问题，即微生物菌群对整个社会的影响。

我们就等同于自己体内的细菌吗？就像最近一份日报中所预言的那样？人是否被微生物菌群所遥控？就像之前讲过的那些被猫的尿液所吸引，从而失去判断力的老鼠一样？微生物是我们理解并治愈所有疾病的万灵药吗？包括癌症、心脑血管病、自体免疫性疾病，甚至精神疾病？一句话，细菌将会拯救人类吗？

很遗憾，关于微生物菌群的最新发现，有些评论既令人充满好奇，又荒诞不经。精神疾病，最难解释也最难治愈，目前人们仍在探索生物学方面科学的解答，还远不能用这种方式来进行治疗，癌症和多发性硬化也一样。那么，为什么如此热情高涨呢？

当然，从达尔文进化论的角度看，科学家们的热情可以理解：所有动物，包括人类，其行为的最终目标不都是为了繁衍和生存吗？大脑及其神经元结构都汇聚于人体消化系统，这种说法令人激动。大脑与微生物菌群以共生的方式一起进化，因此，微生物菌群对大脑以及它所指挥的行为有重要影响，甚至是决定性的影响。"我们就是这样，天生如此"……为什么还要不断探寻呢？

其实，这种强烈的兴趣主要是因为新兴技术的发展使得我们可以检测到大量基因，并分析相关的科学数据。例如，在关于微生物菌群和人体之间相互关系的研究中，就发现了非常有意义的关联。不过，到目前为止，还仅仅是关联，而不是解释，即使这些相关性令人深思。

再回到精神疾病方面，尽管很多基因都得以识别，但没有任何一种可以单独解释某种疾病。

大脑和身体之间的相互作用太复杂，以至于某种病因虽然已经明确，却没有什么实际用处。

而且，从生物学的角度来解释精神疾病，对于精神科医生来说，总是不太令人信服，因为外在因素如情感关系、环境、社会习俗和价值观等，对于疾病的形成和发展有重要影响。对于某些人来说，是社会环境的改变，即"社会文化紊乱"，引起疾病……我们到后面再细讲。

控制微生物菌群，大脑状态更好

很显然，我们不能在人身上进行像老鼠那样的实验，为了研究微生物菌群变化对人的影响，研究者们借助别的办法。我们知道，益生菌中的婴儿双歧杆菌对啮齿类动物有抗抑郁的效果，那么它在人类身上如何呢？

　　益生菌是人通过口服或其他途径而进入肠道的微生物，能够修复或改变微生物菌群。顺便提一下，是俄国人梅契尼柯夫在 1907 年发表了第一篇关于益生菌的报道。在其著作《乐观论》中，梅契尼柯夫提出了人体衰老其实源自微生物菌群，他的依据源于许多保加利亚的百岁老人大量食用酸奶，而酸奶中富含微生物，尤其是乳酸菌。在细菌学家和免疫学家梅契尼柯夫（1908 年获诺贝尔医学奖）看来，长寿是由于丰富多样的微生物菌群。他的这一想法很快便被用来治疗老年痴呆症。

　　人们发现摄入益生菌能明显改善与肠道疾病相关的抑郁症状，例如敏感肠道综合征。其他研究也显示了益生菌会使人体血液中皮质醇值下降，并且对心理状态有积极影响。脑部影像学方面的研究则表明喝酸奶对控制情绪的大脑区域有影响。在一项著名的研究中，参加实验的人每天喝两次酸奶，连续喝一个月。研究者随后测试了他们对人脸不同表情的反应：微笑、难过、生气等。结果表明经常喝酸奶的人比不喝的人反应要平静得多，这说明酸奶对大脑有安定的作用。

益生菌还会影响我们的体重…… 在一项研究中，研究者们发现无须锻炼或控制热量摄入，服用益生菌酸奶就会使体重下降（其他研究也证实了酸奶是与体重下降最为相关的食物）。因此，益生菌有助于减肥和调节能量平衡，对于保持正常体重至关重要。

肥胖症与情绪抑郁有关，很长时间以来一直被认为是一种行为性疾病。然而，最近在老鼠身上的实验证明了在无菌鼠肠道内植入正常的微生物菌群，会大幅度增加其体内的脂肪含量。另外，瘦老鼠体内的微生物菌群和肥胖老鼠也明显不同。在人类身上，关于双胞胎（一个肥胖，另一个不肥胖）的研究也显示了肥胖者体内微生物菌群的构成远不如瘦的那位丰富多样。因此，不够多样化的微生物菌群可能会对人的饮食习惯有影响。例如，通过胃部搭桥手术增加微生物菌群的多样性后，人就不那么贪吃富含碳水化合物和脂肪的食物了。科学家们对调节微生物菌群—肠道—大脑轴的机制越了解，用益生菌来治疗（治愈）行为障碍及其他心理疾病的希望就越大。可能有一天益生菌和益生元将会代替"百忧解"和"地西泮"，并且针对性更强，治疗更有效，副作用更小……

社会微生物菌群的构成

综上所述，微生物可能已经"琢磨"出了一些办法来改变宿主的行为。从达尔文进化论的角度来看，宿主行为的改变代表着一种有效的策略，以保证微生物的生存和繁衍。就像该领域一位专家所强调的那样："幸福的人比较容易交往，人越容易交往，其体内的微生物就更有机会更换宿主，进行传播。"这就是为什么当微生物菌群健康平衡时，它就会使我们不仅幸福，而且友好。

如果说微生物菌群能够改变宿主的行为，这种"改变力"是否可以在另一个层面实施？从个人到家庭，从家庭到社团，从社团到国家，从国家到整个社会？

可以说微生物在我们的社会交往和文化规约的形成方面发挥着重要作用。

一些饮食或性方面的禁忌能够从微生物的角度进行解释。下面请看几个例子。

麦克尼尔在其著作《瘟疫与人》中写道，在亚洲北部的某些部落里，禁止猎杀旱獭。1911 年，中国政府允许人民迁往满洲里，这些新来的居民开始猎杀旱獭……由此引发了一场大瘟疫，导致成千上万人丧命，因为旱獭是鼠疫杆菌的天然"居所"。在印度，公牛是神圣的……它还有助于保护人民远离疟疾，因为只要有公牛在，蚊子就不怎么喜欢叮人。19 世纪，梅毒在欧洲肆虐，后来就改变了人们的性生活态度及行为……所有这些禁忌都代表着社会对病原菌的适应策略，这也是人类和细菌接触过程中所归纳出的共生行为……

这些行为涉及在我们体外不断进化的微生物。体内的细菌对我们的社会行为和习俗能有如此大的影响吗？最近，有人认为某些宗教礼仪源于细菌的控制，有利于细菌的传播。我们知道，在巴布亚—新几内亚有一种宗教习俗，鼓励族群中的成员吃已故亲属的肉，代代相传，使得库鲁病不断传播，而该病是由一种传染性蛋白微粒所引发的致死性疾病。由此可以外推至礼拜仪式……

几乎所有的宗教仪式都以神圣空间内的族群团体为基础，这为细菌在个体之间的传播提供了理想的环境。根据这一观点，一些余俗例如众人互相拥抱、共用圣餐杯都有助于大规模传播微生物菌群中的无害菌。

这一假说尽管令人激动，却不是太可靠，因为如果真是这样的话，可能有人会以此类推，说它适用于所有公共场所。但是很显然，我们修建地铁并非是受微生物的操纵，以利于其传播，而是为了方便人们出行，而细菌只是顺便搭乘……另外，这些"公共微生物菌群"在互相不认识的陌生人之间传播，而这些人在社会或文化方面可能毫无共同之处……因此，像公交、自动贩卖机或公共泳池一样，宗教习惯似乎并非是微生物菌群作用的结果。

动物卫生和疫苗接种

不过，我们倒是可以依靠另外一种社会微生物菌群的建设，即社团成员的自然接种疫苗和免疫。社团身份的确立和这一免疫过程正好吻合，都建立于"自我"和"非自我"之上。

我们之前讲过，在一个家庭内部，微生物菌群的构成趋于一致。稍微思考一下，我们出生时所在的那个医院往往是离家最近的；学校里的同学也主要都是同一社区的或邻近街区的；教堂就在街的尽头……家庭圈很快扩大，每个人身上的微生物菌群也混合在了一起。

这意味着什么？我们可以用另一个问题作为回答。为什么我们会本能地害怕自己不认识的人？例如不会说我们语言的外国人、和我们宗教习惯不同的人、习俗和价值观有别于我们的人，对陌生人的这种发自内心的不信任从何而来？与家庭和社区的微生物菌群有关系吗？

在 20 世纪，细菌学家、免疫学家路德维克·弗莱克曾质疑科赫和巴斯德在其病菌理论中所定义的人类疾病的概念。路德维克·弗莱克认为，疾病是一种"社会建构"现象，根据不同的历史时期和文化，它会使某种"异常"的生理状态表现为社会文化状态，而我们称之为疾病。因此，应该从环境、基因、生理和社会环境的角度来定义疾病，即"失调"。大家对"失调"这个词可能已经比较熟悉了。

对于弗莱克而言，各种疾病正是通过社会排斥和接纳构建而成。在我们自己家里，安然无恙；在别人家里，就有可能生病。我们和其他动物一样，不喜欢和陌生人一起梳洗，因为害怕"不良感染"。正是通过这些社会排斥和接纳的力量使我们构建了一种文化身份。在人类进化的过程中，在家里和社区所获得的细菌会保护我们，以抵御陌生人所带来细菌的入侵。

在这个意义上，细菌有利于人类社会团体和组织的创立。人的社会性大脑可能就是人的头脑和微生物菌群之间互动的结果，目前仍然是个谜。

尽管我们的行为受到微生物菌群与身体之间共同进化的影响，却不受微生物的控制。一切都取决于我们如何看待人类。未来掌握在我们手中……

专业术语汇编

抗生素

具有抗菌作用的分子。虽然它能杀死体内各个角落的细菌，但不足之处在于，它也为细菌感染和菌群失调打开了通道。

下丘脑—垂体—肾上腺轴

也被称作"焦虑轴"，即连接内分泌腺系统和中央神经系统（大脑）的神经元网络。出现焦虑时，大脑就通过神经递质向下丘脑神经元发送一个信号，激活垂体，从而使内分泌系统有所反应。脑垂体将向位于肾部的一个小腺体（肾上腺）发送激素信号，该腺体将释放出其他激素，尤其是皮质醇，它将作用于免疫系统和肌肉系统。由此释放出肾上腺素和去甲肾上腺素，这两种腺素负责决定"坚持斗争"还是"逃跑"。

儿茶酚胺

儿茶酚胺是由酪氨酸（一种活性酸）合成的分子，在调节焦虑反应中，既是神经递质又是激素。

皮质醇

向身体指明焦虑状态的类固醇激素。它使身体释放出肾上腺素、去甲肾上腺素和葡萄糖，是"坚持斗争"或"逃跑"时肌肉所必需的能量源。

无菌生物

无菌体，一般都是啮齿类动物，是在实验室无菌条件下培育出来的。通过剖腹产方式出生（因此是无菌的），它们的食物以及笼子里所有的东西（包括笼子）都是经过100℃高温消毒的。

耶克斯－多德森定律

根据这一心理学定律，在一定范围内，紧张焦虑对机体是有好处的，但是如果超出一定限度，就对身体有害了。临界点因人而异，受多种因素的影响，包括社会的、心理的和生理的，其中也有微生物菌群。

微生物菌群

所有微生物群落的总称，包括细菌、真菌、病毒和原生生物，它们必须生活在一起，形成结构完善的生态系统。人体的微生物菌群主要有五种，分布在各个部位：皮肤、口腔、泌尿生殖道、呼吸道（肺和鼻腔）以及肠道。每个人都有自己的“基础微生物菌群”。

迷走神经

脑神经共有 12 对，其中第 10 对被称为“迷走神经”，它连接肠道神经系统和中央神经系统。因此，“迷走神经”是大脑和肠道进行交流的主要通道。

神经代谢物

肠道细菌新陈代谢过程中所产生的分子物，对肠道神经系统和中央神经系统的神经细胞都有影响。

神经递质

在两个或多个神经元之间传递信息的分子信号。有助于协调大脑和身体功能，能够引起各种不同的心理状态：快乐、舒适、害怕等。

亲神经性

直接作用于神经系统（尤其是大脑）。

益生元

能促进某一种或一定数量肠道微生物增长的营养物质。主要包括各种寡糖类物质或多聚糖。

益生菌

能够修复消化系统平衡的微生物。食用酸奶是摄入益生菌的重要途径之一。某些肠道疾病用传统抗生素难以治愈，而粪菌移植比较有效。

微生物共生/失调

共生指的是两个或多个不同生物机体之间紧密、稳定的关系，这种关系可能是有益或无益的。共生包括三种类型：一是寄生，即一个有机体利用另外一个；二是互惠互助，即有机体之间互相利用；三是共栖，即双方在这种亲密合作中既不获利也没损失。严格意义上讲，微生态失调指的是人体内微生物的不平衡，会引起多种消化疾病，广泛意义上讲，正常情况下处于共生状态的系统或群体出现不平衡时，都可称之为失调。

敏感性肠道综合征

肠道发炎，并伴随有腹泻或长期便秘等症状。是微生态失调的一个典型例子，很遗憾，患此综合征的病人不在少数。

肠道神经系统

也被称为"第二大脑"，是自主神经系统的一部分，能够控制消化系统，负责自动的、无意识的消化功能。

如何毫无危险地生活

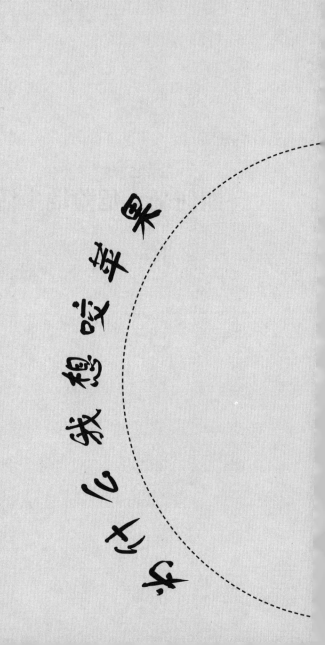

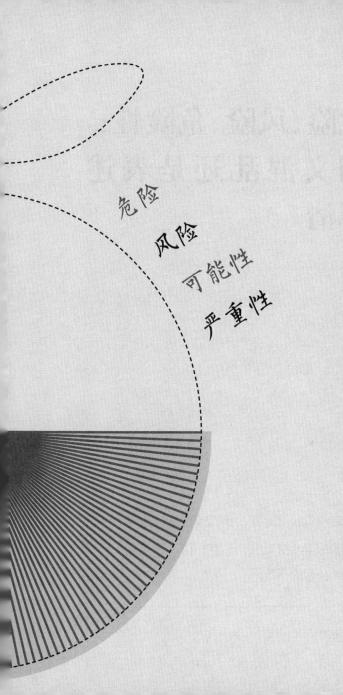

危险

风险

可能性

严重性

危险、风险、危险性：词义混乱还是表述不清

在讨论风险之前，我们首先要明确风险一词的定义以及与其相关的短语、惯用语、谚语的含义，区分风险与危险的不同。

我们可以毫无危险地生活吗

根据常用字典的解释，风险是不确定不可控的，但同时又是可估、可控的。有人喜欢冒险，却也惧怕风险。有些人便开始评估风险程度。如果估算风险为零，便意味着风险不存在。面对风险，人们可以采取一些预防及应对措施。保险员及法律人员为此出谋划策。风险可以给精明的投机者带来财富，也会使碰运气的赌徒倾家荡产。

危险往往突发且不可预测，情形紧急可怖。人们察觉危险时往往试图逃离。当危险逼近，千钧一发之际，我们必须直面危险。有时发生重大突发事件，国家进入紧急状态，有些人甚至想要征服危险。

航海日志或许能为我们解释风险与危险之间的关系。在职业航海家的记录中，我们发现风险与危险两个词无数次出现，但往往各自单独出现。有时它们同时出现，或者与"潜在性"字眼一起使用，或者表述为"危险性风险"，"风险性危险"，或"潜在的危险性风险"。上述种种皆归为"具有潜在风险的危险源头"，让人觉得犹如字谜游戏。看来应该感谢有趣的译者提供了这种独一无二的游戏。

总而言之，这就是语义上的纠缠不清。

语义混乱就意味着思维不清晰吗？这样的担忧是可能的。危险和风险这两个词语无处不在，人们在日常生活中，或者做一些重大决定的时候，往往不加区分地使用它们。"为大资产阶层服务的专家"和"自诩为地球拯救者"之间关于风险系数的争论喋喋不休，往往成为媒体关注的热点。稍有话不投机，双方便剑拔弩张，相持不下，无益于解决实际问题。

面对危险，人们难免心生恐惧。应变能力与沉着冷静是关键所在。即使能找到应对危险的办法，但是危险引起的恐惧却持久不散，甚至会蔓延开来让人无所适从。

自从事风险管理工作以来，我总是会思考上述问题，尤其是我的工作与核辐射危险相关，核能问题往往会引发激烈的论战。

原子核能起初被认为是物理学研究的对象，是安全可再生的能源，然而原子核能还带来其他问题。核能源被开发不久后，诸多问题接踵而至。核能源似乎一夜之间从科技进步的天使变成了危险技术的魔鬼。核能问题与烟草消费和性取向公开等问题一样，成为少有的引发人们态度发生180°大转弯的社会话题，人们往往从视其为洪水猛兽到习以为常，有时则会反过来。

保险员口中的"核聚变效应"，在物理学上是指支配着原子核存在与平衡的自然法则的反应。我们总是认为原子核与原子是不同的物质，然而所有的物质都是由原子组成的，但是如果没有原子核，原子就不会存在。我们总是想当然地以为原子核与原子是不同的。人们对"核"的恐惧实际上是对构成物质的最细微粒子可能会引起的危险所产生的恐惧。原子核试验本身就具有危险性，因为核变反应会释放出一万倍以上的能量。但是日常生活中能够产生核变反应的原子核数量微乎其微，只有在原子核数量足够多的时候才能发生核反应，并释放出大量核能。因此，原子核数量很少的时候，它在放射性衰变或裂变时不会产生危害，然而，若原子核数量巨大，则会产生致命的危险。

帕拉塞尔苏斯[①]早在 16 世纪就曾断言"剂量决定毒性"。核能现象也不例外，核辐射本身是正常现象，而大量的核辐射则会成为危害。

这一点像是修辞学上的诡辩，然而却是十分重要。断然下定论说"放射现象是危险的"，是对数量问题的忽视，属于二元论的看法，甚至是善恶二元论，然而类似的认知相当普遍。人们断然认为杀虫剂、转基因产品以及二氧化碳的排放是危险的。这种观点丝毫不考虑剂量及差异，给所有的讨论造成障碍，阻止共识的产

① Paracelse（1493—1541），瑞士医生，炼金术士。

生。这虽然不是对一种毒药的断言，然而断言本身也会成为一种毒药。心理学和社会学认知机制造成人们对真正风险和感知风险的认识迥异，这一原因也使得人类与风险之间的关系引起诸多关注。

美国政治家、企业家厄尔·兰德格里伯在水门事件（1973—1974年）听证会上宣称："不要拿所谓的事实糊弄我，我对这些无动于衷。"他因此博得了一点可怜的名声。不过在此建议大家不要轻信他的话，因为在风险中生存是一种艺术，事实和基于事实的论断是我们前行的拐杖，开放的思想则是我们理智前行的指明灯。

在绪言的结尾，有必要声明一下，该书未涉及那些由恶意、阴谋和交战引发的危险。该书旨在讨论如何应对那些由善意、粗心、冒失引起的危险，暂不讨论那些因蓄意破坏而导致的危险。

言归正传之前，我们需要了解危险和风险的基本定义，以解决之前提到的语义混乱问题。

危险指的是由于一种情形的出现，一种行为或者物体本身带来的威胁，像塞维索①小镇的化学工厂泄露的有毒物质、大若拉斯山上的攀岩运动、埃特纳火山的熔岩流。

风险则指危险真实发生的可能性以及由此产生的后果的严重性。通常而言，人们能够估量产生风险的因素，至少能对风险有所预

---

① Seveso，意大利北部米兰的小镇塞维索。1976年7月10日，此处一个化学反应堆发生爆炸，释放出一朵又白又厚的二噁英有毒化学云。

测。更重要的是，我们能对风险采取行动，尤其是可以通过减少风险发生的可能性，或减轻风险后果的严重性，从而化解风险。登山者根据自身的技术水平和身体状况，选择合适的登山线路，不冒风险去攀登大若拉斯山，就能彻底地消除摔伤的可能性；使用高品质的攀山绳索和护具，便能大大减少摔伤概率。如果能做到这两点，你就有可能成为一位理智谨慎的登山运动员。当然这并不意味着排除了所有的风险（恶劣的天气、松软易碎的石头、落石等），但是你可以减少遭遇这些风险的概率（根据天气条件选择登山日期，选取没有碎石的路线，与可靠且训练有素的登山员结伴而行等）。

事实上，人们面对风险时总在想方设法减

少风险发生的可能性，或降低其后果的严重性。

某些职业就专为人们提供建议，预防并减少风

险，从事这些职业的人被称为"预防专家"。

面对危险：仁者见仁，智者见智

只要找到应对风险的关键所在，风险并不像乍看起来那样难以估摸。

核电站开发的风险与百年一遇的洪水，或与乘坐火车旅行的风险之间有共同之处吗？

我们能把海啸与艾滋病毒或者电磁风暴相提并论吗？

人们对朊病毒感染、气候变暖或者生物基因突变的反应会一样吗？

对抗一场大流行病，与防止臭氧层空洞以及避免危险的性行为具有相同的性质吗？

太阳的衰退、物种的减少和摇滚音乐会的频繁举办，会带来同样的风险吗？

移动通信信号站的辐射与核废料站的辐射所带来的后果会一样吗？

希望这些不相关风险的组合，能够达到"普

雷维尔式"①的效果。实际上每组都有内在的统一性，每一组对应一级风险。我们会对每一级风险分别加以讨论。

尽管风险千变万化，但它们具有一些共同特点。这为我们找到可行的应对措施提供了可能，从而化险为夷。我们应该把风险当作日常生活的一部分，坦然处之。本书名为"我们可以毫无危险地生活吗"，提出这样一个问题并不是为了得到一个是或否的答案，而是应该从两方面来理解，人们可否与风险共存？如何与之共存？

学会应对风险，并坦然处之，与之共存，正是我们此次探索之旅的宗旨所在。

---

① Jacques Prévert（1900—1977），法国当代著名抒情诗人，他独创的"快讯"式和"清单"式诗体丰富了诗歌的形式。

第一步就是要理清头绪找准方向。如今，随着新科技、新事物的出现，人们对各种风险日益敏感。新科技和新事物所带来的风险已经成为学术研究和实地研究的常见内容。尤其是在世纪之交，一些德国风险社会学家提出整合各类风险的应对措施，系统地将各类风险列了一份详细的清单。他们认为应对每种风险都会涉及如下九个问题。通过这九个问题，我们可以发现风险的特点。

（1）风险严重吗？这一关键问题涉及危险发生后造成的损失程度，即所谓的危险的严重性。

（2）风险会发生吗？这是另一关键问题，因为不会发生的风险是不值得去担忧的。这个问题涉及如何界定风险，以及如何评估风险发生的可能性。

（3）风险评估可信吗？这一问题的解决取决于前两个问题的答案。一般来说，风险的严重程度可以被计算出来，至少是可以被估量的。通过比较，我们可以对风险严重性有所认识（比如这种后果比另一种更严重）。很难估算精确，因为对风险的评估，要求具备很专业的相关科学技术知识。比如最近几十年来人们对气象的预测，虽然技术有所进步，但是进展依旧缓慢。

（4）风险会波及哪些人？这个最基本的问题涉及风险的后果所波及的人群范围。例如，我是唯一被有毒化学云波及的，还是所有人都不能幸免？

（5）风险会持续很久吗？这个问题涉及风

险后果的持久性，人们以此判断恢复正常状态所需要的时间。

（6）风险会卷土重来吗？这个问题涉及后果的可逆性，即恢复至风险发生之前的正常生活的可能性，这比上一个问题更难回答。

（7）风险发生后会立刻产生危害性后果吗？某些危险，一旦发生，它所产生的某些后果不会被立刻察觉到，潜伏期可能长达数十年、数百年，甚至数千年，人们往往会因此掉以轻心。这个问题让人们意识到风险后果的严重性。

（8）我为什么要代人受过？风险的后果往往波及无辜的受害者，而受益的始作俑者却逍遥其外。收益与风险之间的关系通常是不对等的，这显然很不公平。或者以一种非常间接的方式，导致收益和风险的联系变得模糊。许多地区的土地整治经常会出现有失公正的情况。NIMB[①]（事不关己高高挂起）综合征表明，没有人会针对这些行为提出异议，这会损害众多人的利益。很多人想当然地认为，只要自身不被波及，尤其是自己的利益不受到损害就可以，发生在别人身上则与己无关。

（9）这个风险是可以接受的吗？即使通过上述一连串的八个问题得出结论：某种风险很正常，但还是会引起恐慌，或招致反对。我们思考第九个问题的目的就是针对这种情况。这需要我们考察风险引起的恐慌程度，以及人们对此事的关注程度，暂且不考虑一些其他潜在因素。

---

① 英文Not In My BackYard的缩略词。——译者注

现在，我们算是稍微理出来点头绪。通过这九个简短的问题，对风险进行系统、有效的筛选。因此我们有信心认为人们可能会遭遇的大量风险是可以预防和应对的。然而我们不能高兴得太早，因为我们没有更多的办法来操控这些风险，只能给这些风险分类！事实上，数学教会我们，如果有九个各自独立的问题，且每个问题有两个答案，那么这些答案的不同组合的总数就是 2 的 9 次方，即 512 个。然而这并不意味着我们就可以高枕无忧。如果我们面面俱到的话，9 个问题就可能会变成 16 个，而且 16 个问题的答案并非只是简单的"是"或"否"，而是比较复杂，要更为精确。如果只是选择"是""或许是""或许否"或"否"作为答案，那这与旅馆服务质量调查问卷毫无二致。如此一来，我们得到的答案数量变为 4 的 16 次方，即 4 294 967 296 个。这意味着我们要处理同样多数量的风险，犹如应对巨大的蝗虫群[①]一般。

难道我们就此放弃吗？

不！在本书的第二章中，我们将在社会学家的带领下继续探索，社会学家的研究会对风险进行二次简化，通过界定六个类型级别的风险，给这几十亿的"蝗虫"分类。基于此，我们将会更好地针对每一级风险寻求可行的应对措施。

在本书的第三章中，我们将会讨论风险管理的实际操作。

---

① 一个中等的蝗虫群包含十亿只个体。一群43亿的蝗虫群每天能损害大概13 000吨粮食。——作者注

　　本书的第四章献给亲爱的读者朋友们。该章节将会探讨面对风险时我们所应持有的态度，应该采取什么样的决定，如何克服对风险的恐惧。总之，如何在风险无处不在的世界中生存也是一门艺术。

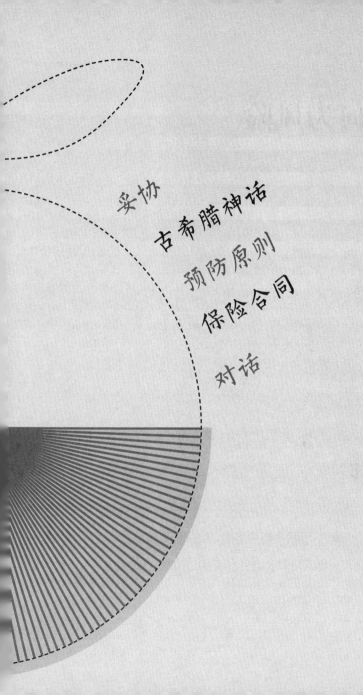

妥协

古希腊神话

预防原则

保险合同

对话

何为风险

风险地图不似爱情地图那般浪漫，却大有用途，因为神秘的信息代码会启发我们如何应对风险。

　　上文中的九个问题使得我们了解了风险的九个基本特性。暂且认为这些问题体现了风险的本质属性，但是在对某种风险展开研究的过程中，直觉和经验告诉我们，这些特性总是成组出现，而有些特性则极少同时出现。因此，九个问题的答案组合数量便大大减少了。

　　首先我们需要设计一个与地图类似的二维图表，以便更好地标记风险。纵轴与横轴代表风险的两个要素：风险发生的可能性和风险后果的严重性。通常而言，横轴代表严重性，从左到右递增；纵轴则代表可能性，从下到上递增。

　　图表中分布着普通风险、中度风险、高危风险。中度风险是最受关注与争议的风险，也是我们能够最好地应对的风险。

通常普通风险位于图表的左下角，这类风险不大可能会导致很严重的后果。高危风险则位于图表的右上角，表示风险很可能发生而且后果非常严重。人们自然是希望高危风险所在的这片区域是空白的，所以会对这类风险立即采取行动。即使不能彻底消除这类风险，至少也要减弱其危害程度。但在某些情况下，这一区域中的高危风险仍会继续存在。

左下角和右上角之间的区域则是中度风险。其中有些风险可能会发生，但导致的后果不是太严重；有些风险不太可能发生，一旦发生，后果则很严重；有些风险发生的可能性较小，且后果也不严重。它们在图表中的位置也引起了争议，有人认为它们应该在图表中更往上、往右的区域，有人则坚持应该把它们向下、向左移动。

风险图表只是考虑到严重性和可能性这两个问题，剩余的七个问题暂且不予考虑。

社会学家克林克和雷恩根据这九个问题评估了多个风险，但只是依据上面提到的严重性和可能性两个问题将它们标注在图表上。结果不言而喻，在图表上，风险的分布并非杂乱无章，而是集中在六处区域，犹如大海上的六个小岛。两位社会学家对处于同一区域的风险仔细研究后，发现了一些相似点，进而区分出六种不同等级的风险，接下来我们对此逐一进行讨论。

这种风险研究方法，是德国联邦政府全球环境变化科学咨询委员会（WBGU，2000年）在研究全球气候变化时探索出来的。当时研究人员试图对风险简单分类，并制定一些与风险有关的易懂且精确的术语和概念。

这些研究人员重新考察文化遗产，希望在其中发现一些蛛丝马迹，破解祖先如何预防风险，减少未来的不确定性。对于如何应对这个不确定且充满危险的世界，古希腊文明和文化留给我们很多宝贵的遗产。有文字记载之前，希腊神话故事已经口口相传，它们将继续以文学的形式被传承下去。这些神话故事以及其中人物的际遇，是对人类生存所遭遇的风险等永恒话题的探讨。我们熟知的神话故事，展现了人类面对风险的情景。下文中的六个风险等级，其中的每一级都对应着一位神话故事人物的名字。

1. 达摩克利斯之剑

这些风险等级中最明显的一类风险被称为

达摩克利斯之剑，是指不太可能发生，一旦发生，后果却非常严重的风险，这与达摩克利斯之剑的神话故事非常吻合。这个神话故事的情节大致如此：一天，叙拉古的君主狄奥尼修斯给了他的朝臣达摩克利斯一个机会，让他来体验一下君主的真实处境。达摩克利斯坐上君主的宝座，在其施展权力之前，狄奥尼修斯提醒他注意悬挂在宝座正上方的剑，那剑悬在一根马鬃上。这把剑不大可能掉落，但一旦落下来，后果则不堪设想。这把剑的存在一直提醒着君主，他手中的权力只不过是系在一根马鬃上。

在科技领域，这种类型风险的案例数不胜数。比如核电站、塞维索小镇的化学工厂。有些自然灾害也属此类风险，如百年或千年一遇的洪水。我们应该在自己头顶上也悬挂一把达摩克利斯之剑，比如在乘坐火车或飞机旅行时，我们可能认为选择了最安全的交通方式，但我们能确定发生危险的概率为零吗？

达摩克利斯之剑位于最右下角的区域，表明严重性很大，可能性很小。很多这类风险的实例表明，这个圆圈会往左或往上移动，沿着中间区域扩延。事实上，不太可能的风险经常伴随着很严重的后果。例如我们常用的交通工具，汽车事故虽然经常发生，但死亡率不高；飞机失事相对罕见，然而却能造成数百人的死亡。

2. 独眼巨人

这一类风险的位置稍靠右，事实上，这类风险的严重性比较容易估量（横轴的覆盖范围很窄），但其可能性却不易确定（纵轴的覆盖范围很宽）。这一名称同样来自神话故事：独眼巨人只有一只眼睛，位于额头正中间，这只眼睛能够看到左右两侧的景象，却很难判断距离的远近。海啸这种自然风险很符合这一特征。人们可以估算出海啸在特定地区造成的灾害结果，却无法预料海啸发生的准确日期和重返日期。同类的风险还有太阳活动引起的磁暴。即使人们能估算出强电磁干扰所造成的损失，然而磁暴发生的可能性还是无法预测的。另一个此类的风险是与人类行为有关的艾滋病毒。人们知道这种病毒的传播途径、传播速度以及造成的后果，但是这并不意味着能阻止同类新型病毒的产生。至于技术风险，从本质上讲较容易评估，因为我们了解它们的来龙去脉。很多技术风险，在我们对它们有了更进一步的了解之前，被划归在这一区域内。

3. 皮提亚

先知皮提亚口中念诵着谜一般的神谕。德尔斐[①]神庙里负责传达神谕的祭司所宣示的预言是含糊不清的。皮提亚类型风险十分隐晦，这就意味着风险发生的概率和影响都是难以确定的。皮提亚类型风险覆盖范围较广，从高危风险到普通风险的边界比较模糊。这类风险难以确定，既有人们一直讨论未决的风险，也有新的风险出现。

转基因产品是此类风险的代表之一。全球气候变暖也属于此类风险，气候变暖的征兆尚有待确定。气候变暖现象的增加和趋向典型化

---

① 德尔斐是古希腊神话中可预测未来的阿波罗神殿所在地。德尔斐神谕是古希腊非常有名的预言。——译者注

将会使得这类风险发展为其他类别的风险，这一过程是持续不断的。朊病毒也属于这类风险，朊病毒感染会引发疯牛病（牛海绵状脑病），这种疾病出现之初是地区性的、可控的，但后来却蔓延全球，危害加剧。然而下一次的朊病毒感染将会于何时发生？它的发生和毒性均不能被确定。

4. 潘多拉魔盒

潘多拉的魔盒里幽禁着所有的灾难。人类生活原本平和安逸，直至魔盒的看护者在好奇心的驱使下打开了盒子，里面的灾难无可挽回地散落人间。这类风险普遍存在，持久而且不可逆。

大流行病很好地表明了这类风险的如上三

个特性：传播范围广、不可逆、持久。虽然至今为止，禽流感甚至是埃博拉病毒都没有达到这个程度，但是谁知道潘多拉的魔盒里还有什么灾难呢？无人知晓是否会出现一种病毒将冲破人类物种的藩篱而到处肆虐。

技术领域同样也隐藏着这类风险。化学家和药学家的分子试验发现，有些分子与生物的荷尔蒙分子相近，能够干预生物的荷尔蒙平衡。提到类固醇雌激素、双酚、邻苯二甲酸酯和其他类似成分时，媒体平台往往会认为这些成分的微量使用是无毒的，然而它们对器官功能会造成潜在的影响。这些成分被通称为"内分泌干扰素"，会在体内会长期残留，产生不可逆转的后果，毫无疑问它们也属于潘多拉魔盒类型的风险。

人类的有些活动及行为方式会引起一些绝症。危险的性行为所导致的可传染的性疾病都属于这一类风险。

5. 卡珊德拉

普里阿摩斯的女儿卡珊德拉被阿波罗授予预言的能力，但同时也被阿波罗施以诅咒：她说出的预言越是真实，世人越会置若罔闻。这类风险发生的概率很大，但造成的危害后果要在很久之后才会出现。触发性事件与后果之间的时间延迟导致人们往往忽视了风险的存在。这类风险的典型之一就是50亿年后太阳的消亡，物理定律表明了这一结果势必发生，但由于时间期限过长，并没有对人们的生活产生任何影响。物种的减少，这是距离我们较

近的风险，也是概率很高的风险，但是人们
日常生活中很难注意到。我们往往觉得卡珊
德拉的风险预言危言耸听，便置之不理。例如，
吸烟者明知"吸烟有害健康"，香烟盒上也印
有类似的醒目警示，但文字警告和真实案例
图片的效果并不明显。其他类似情况也无甚
成效，例如高分贝音乐噪音、酒精依赖、毒瘾。
人们明了危害的后果，但自身却感觉不到这
些危害的潜移默化。卡珊德拉类型的风险位
于右上角的高风险区域，然而人们依然我行
我素，没有积极应对。

6. 美杜莎

蛇发女妖美杜莎会使那些不幸看到她眼睛
的人产生恐惧，变成石头。危险不仅使人恐惧，

而且危险本身麻痹了我们的行动。有些危险引起的恐惧大于危险本身，这些均属于美杜莎类型的风险，这类风险还会引起人们的极度排斥。

例如，周围环境中的电磁辐射，尽管它的影响尚不明确，但人们仍对此担忧不已。美杜莎类型的风险尤其包含一些技术风险，这些风险与自然风险的唯一区别就是它们一直给人们造成强烈的心理恐惧。美杜莎类型的风险分布在左下角区域，虽然周围是普通类型风险，但是两者的本质截然不同。

六类风险,三种应对策略

通过上文,我们对六种类型风险的基本特点有了更清晰的认识,这有助于我们积极应对风险。

结合上文，我们能够更好地给风险等级定位，从而采取应对措施改变风险等级。风险管理的关键是降低风险等级，将高风险化解为普通风险。

1. 达摩克利斯之剑和独眼巨人——掌控风险

我们可以借助科学技术管理达摩克利斯之剑和独眼巨人这两类风险。人们已经了解造成严重后果的一系列风险事件的发生机制，可以采取具体措施将其转移或中断。将悬挂达摩克利斯之剑的马鬃换成绳索或铁链，虽然并不能彻底消除达摩克利斯的恐惧，但是从一定程度上起到了安抚作用。同样，我们可以研究如何提高独眼巨人的视力，从而缩小风险发生的概率，使其危险程度降低到达摩克利斯之剑类型。

例如核电站，技术人员采取了一系列防护措施，使得核反应堆堆芯熔毁造成的危害性每十年降低90%。通过采取相应的防护和过滤措施，堆芯熔毁之后产生的大量放射性物质飘出安全壳的可能性就大大降低了。稍后我们将会了解这些深度防护措施是如何发挥作用的。

另一个案例和百年一遇的洪水有关。巴黎及周边地区的居民对1910年的塞纳河大洪水依然心有余悸。2010年，大洪水灾难百年纪念之际时，虽然罕见性灾难发生的时间规律远不像百年纪念那么简单，然而人们依然担心洪水很快会再次袭来。

不过人们可以借此机会检测1910年以来的防护措施是否有效，以进一步采取完善措施。毕竟降雨量无法控制，因此危险依然存在。人们在塞纳河上游大兴工程建造了蓄水池，可以调节城市内积水的高度和流量；地铁及地下通道入口的移动栅栏可以降低洪水危害。最重要的是变电站底座位置的加高，还有一些档案及重要藏品被移至安全地带。另有一些预防措施，可以使得人们在洪水袭来时，将档案和藏品迅速转移至高处。此外，还有定期的防洪演习。这些措施虽然不能让巴黎人完全高枕无忧，然而却为降低风险提供了保障。巴黎城的防洪能力现已大大提高，能够承受比1910年更猛烈的洪水。

2. 皮提亚和潘多拉——谨慎前行

皮提亚和潘多拉这两类风险产生的条件和风险本身都具有很大的不确定性。这两类风险中总是会有新成员出现，它们的发生及变化非常不确定，所以必须加强对它们的了解，谨慎应对。新技术也许会比现有技术更先进，然而如果新技术里藏有危险的"特洛伊木马"，后果将不堪设想。

转基因产品是典型的皮提亚类型风险。由于转基因技术的不同，引起的风险也多种多样。最近有些专家鼓吹转基因大米富含维生素A，而维生素A的缺失会导致儿童营养不良，造成严重的眼疾。面对这种所谓的"人道主义大米"，反对转基因产品的斗士的行动可谓是困难重重。

面对这种风险，最好的应对策略就是谨慎行事。在法国，这种应对原则已被立法通过，命名为"预防原则"。显然，这已成为行动准则。它意味着"保持警惕，谨慎行事"，而不是"疑虑重重，止步不前"。因此这需要展开更多的研究，不仅要周密考虑实验的时间和空间因素，警惕副作用，而且要科学监管研发过程。另外，投资者、研发人员及决策人员要有极强的责任意识以承担危害性后果。在追求利益的同时，应该将不可逆的危害后果控制在最小的范围内。

我们前文中提到了内分泌干扰素这一潘多拉类型的风险。由于环境监测技术的进步，人们能够检测出低浓度有害物质的分子，而这些分子有可能（至少是在实验室，以很大的剂量）会干扰激素平衡。如果在周围的环境中已经检测出有害物质的存在，阻止它们的扩散则为时已晚。关键的问题在于微弱剂量的有毒物质是否会造成危害。内分泌干扰素的剂量与造成的后果之间的关系非常具有代表性，剂量决定毒性，因此应对风险的关键在于解决剂量问题。尽管有害剂量与无害剂量之间界限的确定如今依然受到争议，但是预防原则的重点是将剂量控制在无害的范围之内。尽管单个类型的干扰素的无害剂量容易确定，但是当不同类型的内分泌干扰素同时出现，它们之间产生相互作用时，造成的后果则比较复杂，这是一个亟待解决的新问题，而相关剂量的数据之间互相矛盾，尚有待进一步研究。无论情况怎样复杂，会不会造成公共卫生问题是关键所在，这也是应用预防原则时的典型问题：既然不能无缘由地禁止使用这些干扰素，就必须时刻保持警惕。当然还要排除可疑的互相矛盾的剂量数据，因为它们本身不利于人们对这些干扰素的认知。

3. 卡珊德拉和美杜莎——沟通与妥协

最后两个神话形象，卡珊德拉和美杜莎，这两种类型的风险既不确定又难以预料。美杜莎类型风险存在是毫无争议的事实，专家与信服者对这类风险坦然处之。然而由于媒体煽风点火，盲目的大众则会反应激烈。上文提到的应对策略无效，因为科学技术无计可施，预防原则也不起作用，而风险无踪可寻。因此我们要想摆脱美杜莎类型风险，就需要广泛讨论商议，达成意见统一。

例如，移动通信公司计划在乡村安装通信塔，村庄的最高点自然是安置信号塔的最佳位置，然而近处恰好有一所幼儿园。不难想象，移动公司的计划必然招致众多家长的强烈抗议，因为父母们担心自己的孩子或多或少地会遭受

到电磁波辐射的危害。即使有权威专家出面来
调解，结果依然会是通信公司做出让步，将信
号塔移至一个不会引起异议的地点，尽管 4G 的
覆盖范围会因此受到影响。

卡珊德拉类型风险恰好相反，专家们对风险
的预见一致，大众虽然认可他们的预见，但是
袖手旁观。正如 2002 年在约翰内斯堡举行的全
球峰会开幕式上，法国总统雅克·希拉克发表
关于全球气候变暖的发言时所提到的，"房子（我
们的地球）起火了，主人却漠不关心"。问题的
关键在于"房子"要在几十年甚至几百年之后
才会起火，因此人们不会有任何紧迫感，不会
去积极应对。增强风险意识，尽早采取应对措施，
关于类似问题的诸多讨论正是解决问题的关键
所在。

2015 年在巴黎召开的全球气候大会就是针对全球气候变暖而举办。会议隆重，规模宏大，议程很长，是政府间协作模式的典型。在讨论解决法案时，即使会议上讨论的问题迫在眉睫且涉及与会各国，然而由于与会各国往往强调维护自己国家的主权，所以影响到了会议进度。

总之，针对六种类型的风险，改变风险性质、降低风险级别的应对策略有三种，即控制已知风险现象，进一步确定未知危害的范围，以及深入研究远期风险的实际影响。

常见风险

目前我们似乎确信发生概率低、危害性小的风险属于普通风险，然而真的存在普通风险吗？人们往往排斥各种风险，总是希望能够毫无危险地生活。

考察日常生活与风险的关系，可以增强我们对未来的信心。其实每个人都明白我们的生活不可能毫无风险，正因为这些风险的存在，我们的生活才会丰富多彩。

首先我们来了解一下那些从事风险管理的人员——保险员，风险不存在会令他们忧心忡忡。如果没有风险，他们便毫无用武之地了。他们存在的意义和价值就在于评估风险产生的经济损失。保险员既不会消除风险，也无法修复打碎的花瓶，更不能重建被洪水淹没的工厂。他们通过精确的计算提供财产赔偿。虽然保险单不能直接降低投保人遭受风险的概率，但是保险公司的赔偿能够减轻危险造成的损失，因此投保人不必担心预料之外的经济负担。

保险合同上的免责条款也可以降低风险发

生的概率。这些条款旨在提醒投保人遵守合同规定，否则一旦出现投保人违反免责条款的情况，投保人必须自己承担部分或全部责任。例如有些条款规定"请用钥匙锁门""请将贵重物品放在安全的地方""请勿将手机放在露天咖啡桌上"等。如果投保人对此有所违背，保险公司将判定是投保人自身行为造成的损失。保险合同的条款会提醒汽车司机文明谨慎驾驶。在山区国家，"冰霜雪雨"风险最为常见。例如在瑞士，虽然保险法并没有强制要求汽车的日常交通必须使用特制的轮胎和防滑链，但是如果车主自己选择了不适宜的轮胎装置，导致交通事故，汽车需要被送到汽修厂维修，那么车主获得的赔偿金额就会大幅减少。投保人自身的行为会直接决定风险损失的赔偿数额，这对投保人无疑会起到震慑作用。违反免责条款的司机的教训也会让其周围亲朋好友引以为戒。

精算会计师对风险赔偿毫不陌生，他们将其称为"保证金"，即一笔不确定、无保障的资金支出，比如它可能会取决于诉讼程序的结果，其结果十分不确定，因此以保证金的形式支付。保证金的数额必须足够支付这一尚不确定数额的费用。

不过，当投保人遭受的不只是经济损失时，这两种方式就不适合了。身体的疼痛、劳动能力的丧失，以及伤病后遗症引起的焦虑等精神损失也在赔偿之列。被打碎的花瓶、丢失或被偷走的全家福照片，这些情况造成的精神损失可以忽略不计。

现在我们来讨论一种更为普通的风险——有意而为的风险。我们目前只讨论了造成危害性后果的普通风险，或者危害性最小的风险。对于能够带来好结果的风险，我们的态度很快就会发生改变。

金融市场的某些投资者比较关注某一地区或某行业领域的平均发展水平。他们往往投资实业经济，因此损失和收益都不会过大，除非投资在一个信誉度很低的地区。另外一些投资者不关心经济的平均发展，他们利用经济的起伏波动进行低买高卖，即所谓的投机者。这些投机者只关注经济的波动，因为他们可以借机快速攫取巨额利润。投机风险的吸引力就在于这是一场谙熟投机的人与自以为是的人之间的争斗，而后者总是为前者买单。在这场争斗中，所有参与其中的人，包括深受其害的人，都乐此不疲。

低成本高利润的诱惑令人难以抗拒。例如

彩票业，它之所以兴盛不衰，是因为巨额奖金刺激着人们源源不绝的购彩欲望。卡珊德拉类型风险提醒我们，在彩票行业，通过概率计算法下赌注并不可行，因为唯一的赢家是国家彩票的组织者、赌场老板或者慈善罗多游戏的发起者。一夜暴富的欲望使人丧失了长远计议的能力，快速收益的诱惑令人上瘾，使人无视概率计算法下赌注的风险。可见卡珊德拉类型风险很难转变成达摩克利斯类型的风险。

常见的日常普通风险无处不在，有的后果很严重甚至可能会致命,但这些风险是易于管理的，比如人们出行时可能会遭遇的交通事故风险无处不在。20世纪初以来，自从汽车钻出潘多拉的魔盒，它所导致的死亡率就一直持续上升。直至21世纪初，发达国家制定了各种规则，旨在降低汽车事故的发生率。技术的进步提高了汽车轮胎阻力，有助于司机快速刹车；安全气囊的安装和驾驶舱的改进大大减少了车身碰撞造成的危害。一些汽车制造商还考虑到汽车撞人的情况，于是在汽车的风挡外面也配置了安全气囊。

　　道路交通警示牌也时刻提醒着人们出行需注意的安全事项。在城市中，每隔十米至一百多米不等，我们便会见到交通警示标识。司机在驾车过程中必须遵守这些标识所代表的交通法规，即使是最基本的规则也要严格遵守（比如根据自身驾车技术，结合路况及车流速度，随时随地遵守限速规定）。无论遭遇到何等路况，司机的驾驶技术水平必须保持稳定，而且随时会被检查是否酒驾，是否服用了违禁品后驾驶。所有这些措施旨在督促每一位司机安全驾驶，我们在驾车时可以根据其他车辆的行为来判断自己下一步该如何安全操作。毕竟每一辆相向驶来的汽车都有可能瞬间扰乱我们的正常行驶，甚至造成致命的后果。可见我们驾车出行时，头顶一直悬挂的达摩克利斯之剑会时刻提醒我们不可麻痹大意。

十年来汽车研发人员一直致力于技术攻坚，以减轻汽车事故的危害，比如设计无人驾驶汽车，毕竟司机是汽车事故中最不可控的因素。刚被投入使用的无人驾驶汽车，其安全性能还需要实践来检验。我们不难想象，多辆无人驾驶汽车在一个特定的区域中完全可以安全行驶，毕竟行驶的路线已经提前设定，无丝毫意外情况发生。这类似于安装有识别交叉口和越行程序的无人驾驶地铁。然而在实际的交通中，如何让有人驾驶车辆与无人驾驶车辆和平共处相安无事？这个复杂性和适应性之间的矛盾暂时还难以解决，无人驾驶技术处理复杂路况的能力尚有待证明。技术的进步成功开启了处理人类与风险之间关系的大门。科技的快速发展将人类从很多需要高度集中注意力的劳动中解放出来，由不知疲惫的机器代劳。例如，GPS导航技术已经证明它比方向感很强的司机还要可靠。无人驾驶车辆在不会造成新型交通事故的前提下能够减少车祸发生率吗？且不谈交通问题，人类如何改变自身与技术、风险之间的关系？头悬达摩克利斯剑的技术研发人员能够打败易变的皮提亚吗？以后几十年的技术进步或许会为我们提供更多的答案。

在可被接受的风险中，人们寻找理想的风险管理方式，充分权衡利弊之后做决定，采取细密周全的预防措施，而父亲的职责就是要想方设法保护家人的安全，对此，法国的法律条文中有一专门术语"尽职尽责的一家之主"。尽管 1994 年相关法案被修订时废除了这一具有性别歧视色彩的字眼，然而根深蒂固的父权制观念却依旧在无形中影响着人们的行为与判断。

当我们着重谈论父权的威严时，我们应该思考一个关键问题：为全家人的安危着想，一家之主会考虑到哪些可以被接受的普通风险？他是否会因为担心孩子摔伤而剥夺孩子爬树的自由？他对家庭卫生条件的要求是否苛刻？他是否会接送孩子上下学，以免孩子在路上遭遇坏人或车祸？

面对诸多类似问题，任何决定都是在两种风险中选择其一，或是由全家人一起积极应对风险，从而培养孩子处理风险的能力，或是父母为孩子挡住所有风险，最终却阻碍孩子应对风险能力的培养，比如灵活应变的能力、身体的免疫能力、遵守交通规则的习惯、对陌生人的警惕。当然，孩子在成长过程的不同阶段会学习到不同的本领，父母也要学会为自己做出的决定承担后果，才可谓是称职的父母。在此我们并不想妄议父母决定的对错，而是想提醒读者，面对同样的风险，不同的决定必然会引起不同的结果。风险管理是一种很普遍的日常行为。对于家庭范围以外的大型风险，采取何种应对策略往往涉及整个社会的选择，我们应该尝试一下"家庭好父亲"式的应对策略。这就要求社会集体大家庭的"好父亲"听从卡珊德拉的预言，谨慎地打开潘多拉魔盒，还需了解悬挂达摩克利斯之剑的马鬃的耐磨度，更要学会巧妙避开美杜莎的目光，由此可见成为

"好父亲"绝非易事！

为了应对风险，更好地了解这些"敌人"，古希腊的好父亲们创造了神话故事，塑造了预示风险的敌人形象。神话中，能言善辩的好父亲们谨慎理智地与敌人周旋，最终掌握了自己的命运，为家人和全民创造了和平静谧的生活环境。

古希腊神话的象征意义和蕴含的智慧令我们现代人受益匪浅。只有社会成员在诸多观念上达成一致，集体的理念和行动才会明晰，成员之间的对话才会更加具有建设意义，毫无疑问，同心协力应对风险才会得以实现。

在古希腊神话人物的帮助下，我们对相关风险有了一个正确的、基本的认识，并尝试改变风险级别，降低风险危害。接下来我们可以品尝苹果了。

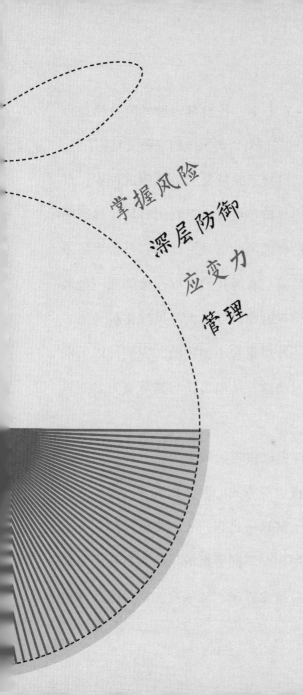

掌握风险

深层防御

应变力

管理

在上一章节中，我们对四种风险类型进行了比较，找到了应对六类风险的三种策略：了解，预防和对话。接下来就是移动风险的位置，改变每一类的风险等级，直至将所有风险移至图表左下角的普通风险区域，即我们日常生活中能承受的风险。有时我们可以连续降低一种风险的等级，有时则需要将大型风险化解为诸多小型风险，针对每种小型风险，我们可以采取不同的应对措施，从而最终将其降级为普通风险。

我们首先以核辐射风险为例。核辐射风险会随原子核裂变方式的改变而改变。为了更好地让读者了解这一过程，我们将该风险划分成更为细小的四个不同等级的风险。自几十年前逃出潘多拉魔盒以来，核风险一直位于普通风险区域。半个世纪以来，又出现了三种新的风险：针对癌症的放射性治疗和核能发电的应用使得核辐射风险从独眼巨人类型变为达摩克利斯类型，原子弹爆炸瞬间释放的核能风险属于独眼巨人类型，微量放射性情况的风险（如物质本身的放射性、正常生产或事故造成的辐射性垃圾、核废料）已经从达摩克利斯类型转变为美杜莎类型。19世纪末从潘多拉魔盒逃出的放射性物质，在20世纪上半叶，它们在科学中的应用具有革命性的意义，如通过地质勘探来确定地球年龄,癌症的放射性治疗。放射性物质，尤其是镭的发现，也被应用到延缓衰老的美容护肤产品中，如镭温泉和祛皱霜。大剂量放射性物质的滥用会造成大量的放射性危害，而微小剂量应用造成的危害后果则不明显。1938年，第二次世界大战前夕，世界政治局势非常紧张，研究人员发现铀核的裂变会产生一种威力巨大的能量，这一发现势必使世界格局发生扭转。同时一种新的风险也随之出现，即原子弹造成的危害。原子爆炸瞬间产生的能量相当于几千个常规化学武器产生的能量，这属于独眼巨人类型的风险，人类已经领教过它的危害。广岛和长崎被原子弹夷为平地。这样大规模原子弹灾难发生的可能性难以预测，会随着地缘政治局势的紧张而发生变化，也会受到持有核武器的独裁者情绪波动的影响。

不过在独眼巨人类型风险的区域中，研究人员能够通过控制原子核裂变的程度，中止裂变过程，从而达到对能量释放的控制。这时，核风险便转变为达摩克利斯类型，发生概率极小，但不等于零。今天核能首要被应用于发电。稍后我们将对此详加讨论。

核能量的使用势必会产生放射性垃圾。今天人们很难相信处理放射性垃圾的方法是安全的，大家始终对放射性垃圾心怀恐惧。这属于美杜莎类型的风险。

从潘多拉魔盒中逃出来的核能，在不同时期，应用在不同的领域，会变成独眼巨人、达摩克利斯、美杜莎类型风险。因此，核能风险引起的争议令人莫衷一是，这便不足为奇。我们还会遇到其他核风险种类，从潘多拉到美杜莎或卡珊德拉，从皮提亚到达摩克利斯，有一些还会散布在普通风险的区域。

化解风险

科学技术的发展造福了人类社会，这是不容置疑的。如今，在风险管理领域，科学技术依旧大有用武之地。

科技的进步不仅消除了人们的疑惑，拓宽了人们的视野，而且力求客观，既不夸大也不掩饰风险。科学技术对风险展开细致研究的目的是为了让人们正视风险的客观存在。

科学有一定的局限性，相关案例如地震预测等。20 世纪，地震学快速发展，技术人员绘制的地震带分布图愈加精确。地震产生的原因日益明了，地球某些构造板块之间的相互运动瞬间释放的能量，会造成十几平方千米的地面强烈震动。虽然专业人员至今仍无法预测地震发生的具体时间，以及板块碰撞瞬间产生的能量究竟有多大，但是他们发现地震释放出的能量（即震级）与两次地震的间隔时间之间存在一定的规律，上一次地震的震级越高，距离下一次地震发生的时间间隔就越长。

　　1995 年神户大地震导致的大规模破坏，人们对此仍记忆犹新。地震发生时，地面几乎消亡。此后，人们对地震波的传播和反射、断层的定位和碰撞区有了更多的了解。如今建筑工程师十分注重建筑的抗震能力。然而，防震规定与标准的实施遇到的阻碍并不是技术本身的难度，而是技术成本过高。城市中的贫困居民在地震灾难中遭受的损失往往最为严重，原因是他们的房屋防震性能太差。

　　地震风险并没有从独眼巨人转移为达摩克利斯，所以人们还不能够准确预告，或者提前几小时预测地震发生的确切地点，至少到目前为止还不可能。

　　地壳运动学说也取得了很大的进步，研究表明特大地震可以从独眼巨人转移为卡珊德拉。例如，沿着圣安德烈亚斯断层，穿过加利福尼亚州旧金山海湾，或者在日本主要岛屿边缘，板块变形的能量已经累积了几个世纪，因此这些地带潜在特大地震发生的可能。卡珊德拉预言在接下来的半个世纪中会发生特大地震，且随时可能发生。旧金山和东京结合各自地区的财政状况实施相应的防震工程，市民们也耗费大量财力物力用于防震。即使预防工程竣工，即使居民们经常地震演习，然而这两个城市居民密度很大，一旦地震来袭，受害人群的数量会很多。加利福尼亚人将这种潜在的地震称为"大块头"。

大地震造成的无法挽回的损失将会比核能灾难更加严重。至少核能灾难，就像达摩克利斯之剑类型的风险一样，可以通过充分的预防而被避免。

控制核电站的相关风险，如核电站周围放射物的扩散，是减少达摩克利斯之剑类型风险的典型案例。为了预防这种风险，人们借助了很多技术，采取了很多措施，尽可能地减少严重事故发生的可能性。

核反应堆的堆芯温度过高以至无法冷却的情况，是最具毁坏性的风险。堆芯的温度会持续上升直至熔化，并最终融化反应槽，在反应堆安全壳里扩散。如果安全壳产生龟裂，就会泄露出烟雾。为了研制永久冷却系统，核反应堆的设计者和制造者几十年坚持不断地攻关克难改进技术，连续研发出各种各样的保护措施。

深层防御是减少危险事件发生概率的基本原则，即在普通风险与未知风险之间层层设防，该原则旨在设立多重防线将风险层层隔离。核反应堆是被研究最多、预防体系最完善的风险之一。大型事故的发生表明，一些管理人员并未吸取之前的类似教训，没有及时加强深层防御。核反应堆的深层防御包括五个递进的层级，在放射物质影响到周围居民之前，逐层发挥防御作用。第一层防御旨在确保反应堆的安全建造，保证核反应堆的使用符合规范，可以正常投入使用，包括工作人员轮班值勤、反应堆自动运行、人员培训、设备的预防性维修。第二层防御是对反应堆实时监控，一旦发现其偏离正常运行范围，马上发出警报，包括基本参数的自动限制器（承压、温度、水位等）的修正措施、紧急制动程序和故障维修等。第三层防御则是安全管理措施，如紧急停堆设备、紧急注射蓄水池、持续冷却泵等。第四层防御旨在防止事态恶化和放射性物质的微量排放（紧急注射、通风孔、高效过滤等）。第五层防御则针对放射性物质即将泄露或已经泄露的情况，将危害后果降至最低（应急避难设施、空气中放射性物质含量监测、紧急疏散、限制周边农作物种植等）。

以上步骤看似繁琐，但这一系列的细密措施可以层层预防风险的发生。1979年美国三哩岛核泄漏事故发生以后，工程师们开始反省研究防御措施，使得放射性物质排放的可能性和严重性不断降低。从某种程度而言，三哩岛核泄漏事故是比较理想的情况，堆芯熔毁只是破坏了工厂设施，并未对周围的居民造成任何影响。这场事故促进了相关研究和理念的革新，使得堆芯熔毁的可能性大幅降低，既提高了新建反应堆的安全系数，又改良了已有反应堆的运行。

当然也有反面案例。2011年日本海岸的海啸造成了严重的核泄漏事故，根本原因是沿海核电站当初建造时选址距离海岸线太近，后来预防设施也并未及时更新。福岛第一核电站，由于建造位置过低，当海啸袭来，在短短的几十分钟内，中心系统控制失灵，所有的涡轮机及反应堆紧急设备停止运转，冷却水循环系统异常。这次自然灾害可谓是千年一遇，大地震发生后，海啸便紧接而至，人们对灾害的发生和危害后果估计不足。六十多年以来，技术人员一直在研究导致核反应堆芯熔毁的事故诱因和内在根本原因，而且近年来，通过多层预防措施和各种应急设施，核泄漏风险的概率已经大大降低。地震和海啸灾害的发生引起福岛第一核电站堆芯熔毁，这丝毫不令人意外，但是根本原因不是反应堆本身，而是外部原因。

谨慎探索

如何应对难以想象的风险？怎么与未知的敌人保持距离？我们可以找到很多可行的办法，但是每个办法的实施都要谨慎，并遵循一定的策略。

在 2011 年福岛核泄漏事故中，突发的地震海啸使技术工程师措手不及。技术防线在巨大的自然灾害面前不堪一击。特大地震，尤其是极其罕见的海啸，疯狂席卷了海岸边的核电站。海啸突然从潘多拉的魔盒中涌出，人们对此毫无防备。

潘多拉类型风险可能会转化为达摩克利斯之剑类型风险，针对这种情况，出现两种对策，双方各执己见。研究事故发生概率的专家，关注概率降低的可能性，所以他们在计算概率的时候会考虑各种罕见自然灾害等因素，如大地震、海啸和毁灭性罕见龙卷风。这种应对模式的不足在于忽略了对核电站设施的加固，毕竟悬挂在头顶上方的达摩克利斯之剑随时会脱落！

另一种对策则关注如何减轻风险的危害范围，如何防止事故后果恶化，这种应对模式在"第三代反应堆"中最常用。即使我们采取了各种预防措施，也不可能杜绝堆芯熔毁的风险。这种风险一旦发生，核电站本身自然会遭受毁灭性的破坏。更重要的是将危害的范围控制在核电站之内，尽最大可能地防止放射性物质的扩散，避免危害波及核电站周围的居民。

芬兰、法国已经投入使用这种反应堆（也被称为欧洲压水反应堆），英国不久后也将使用。堆芯熔毁是可被预见的，甚至可以被控制在反应堆安全壳内。一种类似炉灰箱的设施，既能容纳熔化的核芯，又能容纳蒸发成气态的放射性物质。这样既可以降低事故发生的可能性，还可以限定事故后果的波及范围，使得放射性物质不会泄露到工厂外。达摩克利斯之剑的吊绳被加固后，危险的严重性降低，从而使得美杜莎的目光不再那么可怖。

这一模式受到国际专家的认可，被用来应对"悬崖效应"风险。我们在悬崖边上行走时，脚底一不留神，就有跌落悬崖的危险，所以我们应该远离悬崖边。纵使走路不小心，最大危害也就是被灌木丛划伤。对欧洲压水反应堆来说，堆芯熔毁风险的最坏后果就是毁坏工厂，但很少会有人员伤亡。如果要改善现有技术系统，采取这一模式可以应对悬崖效应的风险，我们需要加强防御设施的敏感反应度，而不必浪费时间去改变无关紧要的设施。

福岛核泄漏事故也给我们提供了另一种借鉴。事故发生时，海啸几乎淹没了所有备用电源，核电站与外界隔离数日，外部救援无法进入。核电站的管理人员，尤其是核电站站长吉田昌郎，及时采取了措施以防止后果进一步恶化。奉命留守核电站的五十名抗险人员，有勇有谋冷静应对。情势所逼，他们没有完全听从上层部门的指令，毕竟上层决策者不在现场，对核电站内的实际状况判断不足。"福岛五十死士"最终及时成功地控制了核泄漏，没有对周边环境造成危害，更没有引起大规模的公共卫生事件。不少读者会对此颇感惊讶，我们稍后谈到美杜莎风险的时候再详加讨论。一旦事故超出了工程师的技术可控范围，若要阻止事态的恶化，抗险人员的应变与抗压能力就变得至关重要。

有关核风险防御的话题暂且到此，接下来我们将讨论另一种更需严加防范的风险——生物病毒感染。作为潘多拉魔盒里的常客，这种风险具有全球性传播、不可逆转性后果等特点。

比如至今尚未破解的埃博拉病毒，致使大量感染者死亡，然而这种病毒的传播媒介并不明确，也没有对症的治疗措施。埃博拉病毒出现之初被划归为潘多拉风险类型。如果我们不能进一步了解埃博拉病毒的发病机制，这一风险就从潘多拉类型转变为皮提亚类型。

近来这种病毒及其变种又开始蔓延肆虐，其风险级别也随之飙升。各国迅速采取应对措施，一些实验室新研制的医疗方法，在未经过层层监管过滤的情况下，破例应用于病人身上，并获得成功。同时还实施了隔离感染者或者疑似病例的措施，也成功地控制了疫情。隔离措施辅以多种医疗技术手段，以保护医生和护理人员免遭感染（配备特殊制服）。病毒在几个月之后得到控制，虽然造成了数千人死亡，但是大大少于病毒传播之初专家预测的死亡人数。埃博拉病毒转移到了达摩克利斯类型风险区域。风险级别有可能再一次发生转变，好在我们积累了一定的经验和应对办法。但是如果病毒出现变种，我们则要重新开始。

病毒发生变异犹如一个隐匿的潘多拉魔盒，很多病毒都会产生变体，所以专家们便会遵从卡珊德拉的预言。比如禽流感的情况，有些人宣称跨物种传播的瘟疫在所难免，人类也难逃厄运。病毒变体是否会跨物种传播并波及人类，这已经无须再讨论，问题的关键是这种情况会在何时发生。当一种病毒跨物种传播时，我们要及时发现并采取针对性措施，只有明了病毒跨物种的传播机制，我们才能充分预防随时可能出现的病毒变种。

认知与事实的关系

　　某些风险貌似十分可怕，但经科学研究证明，其发生概率极低且危害性小，若要改变固有观念，那么加深人们对该风险的认知就非常有必要。然而有时媒体却依然热衷于讨论这些风险，其讨论结果常常误导大众。

皮提亚类型风险、独眼巨人类型风险以及达摩克利斯类型风险，虽然威胁力度没有变化，很有可能会转变为美杜莎类型的风险。即便科学研究表明这些风险并不会造成明显的危害，然而若想取下美杜莎的面纱也是最为棘手的难题，这需要减轻人们的恐惧情绪，重建专家与大众之间相互信任的桥梁。

我们不能想当然地将某种风险看作是普通风险，尤其是对于高危害性风险，然而在实际操作中，有些风险是可以避开的。肉毒素是已知危害性最高的毒素，其毒性是氰化物的四千万倍，但这却不妨碍它在医疗领域被用来治疗肌肉痉挛，还被用于美容注射。不过肉毒素被用于美容治疗时，只能微小剂量使用。

肉毒素的案例体现了帕拉塞尔苏斯主张的

原则：剂量决定毒性。烈性毒药的使用剂量决定毒性的大小，合理控制范围内的剂量则是无害的。

有些低于肉毒杆菌毒性的物质反而引起人们的恐惧。大剂量的氰化物毒气足以造成无数人死亡，然而这种氰化物离子也是清理金属表面必不可少的添加剂，还被低剂量无害地使用于食物添加剂中。类似的案例中，毒性物质既可能致命，也可能无害，均取决于其剂量和化学定律的共同作用。尽管人们提到"氰化物"往往谈虎色变，然而人类却没有停止使用这种物质。

电离辐射的危险众所周知，人们更习惯于称其为"放射性"。这些辐射，名副其实，具有足够的能量致使原子发生电离现象，从而扰乱分子的化学平衡。大剂量的电离辐射有致命危险，癌症的放射性治疗需要严格控制其剂量才能达到杀死癌细胞的效果。

电离辐射的致命剂量往往是无害剂量的一千倍。低于 3 毫西弗的辐射量为无害剂量，因为 3 毫西弗是我们每年至少受到的天然辐射量。人类在日常生活中随时都会受到一些辐射，这也是人类进化的环境因素使然。人一生中大概会受到 240 毫西弗的辐射，而身体不会因此受到任何伤害。目前的研究表明，人体瞬间接受的辐射量低于 100 毫西弗时，健康不会受到影响。

人体每年可承受的最高辐射量往往作为行业参考标准。如果放射性职业工作者在短时间内接受的辐射量高于 250 毫西弗，就必须由他人替岗。

然而，我们的日常生活中，按照标准，人体最多可以承受 4 毫西弗的辐射量，其中包括 3 毫西弗的天然辐射量。这一标准非常严格，之所以参考天然辐射量值，是出于辐射量数值标准的制定，并非意味着超出天然辐射量就会造成健康危害。

近期的案例与福岛县周边村庄居民的疏散有关，这属于美杜莎类型风险危害性后果的善后事宜。核泄漏事故后，被疏散的周边村庄居民返乡遥遥无期。为了保护居民免遭放射性尘埃的辐射，当局撤离了上万居民，其中包括一些行动不便的老弱病残居民，至少有六百人在撤离过程中死亡。撤离居民是为了避开几十毫西弗的辐射量，而实际上，几十毫西弗辐射量的危害并不严重。就像希腊神话中美杜莎的目光具有致命的杀伤力，在福岛居民疏散的事件中，放射性危险本身没有直接导致死亡，反而由于决策者的失误间接导致人员伤亡。

核泄漏事故导致的后果，往往受到事故引发的恐慌情绪和经济波动的影响，政府当局紧急疏散居民的同时并没有考虑居民返乡的相关措施。农田也被铲平，以防止农作物受核辐射污染。即使当地辐射量稍微超出正常值，这些村庄可以在几年之后恢复生活。尽管国际社会呼吁日本政府妥善处理核辐射问题，但是日本当局却无法将当地经济引入正轨。日本沿海经受了地震和海啸双重灾难，而福岛海岸此后又经受了另外两种灾害：福岛第一核电站化为废墟，以及经济持续低迷。地震、海啸、核泄漏是潘多拉魔盒里逃出来的，而经济低迷则是美杜莎的目光造成的。

　　许多国家都从这一严重事故中吸取教训，更加注重工程的加固。我们希望日本辛酸的经历不仅能提醒相关人员采取各种措施，以降低核事故或其他事故的可能性或严重性，还能促使中央和地方政府提高决策能力，富有远见地出台一整套严密的应对措施，以将事故的后果降到最低，这就要求政府的决策者具有足够的勇气。

　　面对来自美杜莎的恐惧，当时的日本政府只关注如何消除千分之一毫西弗的辐射，却丝毫没有考虑到这种极端措施在今后将造成重大损失。

遇到书难题，如何应对

流行病

统计学

责任

民主 讨论

如何应对风险

在一个充满风险的世界里，我们如何定义"生活的艺术"？我们又将如何处理与风险的关系？

首先，我们懂得管理日常风险，并能够很好地适应风险。比如我们往水杯里倒沸水时不会烫到自己，使用割草机时不会割到自己的手指，走在马路上会给右转弯的车辆让行，驾车时遇到相向来车不要左转弯。

医疗急救数据表明家庭和交通事故最为常见，尤其常在周末发生。数据显示伤残类事故虽然明显少于死亡类事故，但性质却很严重。缺乏警惕是其发生的主要原因，另外预防不足或者不够细心都会加重后果。日常生活中缺乏警惕，往往会给自己和家人造成无法挽回的危害性后果。可见，人类已经习惯了达摩克利斯之剑的存在，甚至会忘记它的存在。

我们应该从长计议，对自己的选择负责。在当今信息爆炸的时代，食品卫生和不良嗜好等众多问题常见诸报端，我们对其危害心知肚明，却又置若罔闻。亲爱的读者，请扪心自问，您对卡珊德拉的哪个预言置若罔闻？答案不得而知。各种安全宣传活动警告世人：谨慎驾驶、安全使用家庭电器（尤其是在厨房和花园）、吸烟有害健康、请勿酗酒、远离肥胖、无保护措施的性行为十分危险等。公益广告和媒体也在时刻提醒我们。

我们害怕美杜莎类型的风险，签署请愿书抗议这些风险，抵制具有潜在危险的产品和技术，而实际上我们却说不明白自己到底在害怕什么。有人拒绝转基因食品，有人拒绝电磁波。产品成分表往往用大写字体标注不含有什么成分（无变应原、无尼泊金复合酯等），用小写字体标出所含有的成分。即使我们这样或那样的担忧造成诸多不便，然而我们已经适应了它们的存在。

对于卡珊德拉的预言，有的个人或群体深谋远虑。风险袭来之时，大多数人不知所措，只会等待消防员、医生、警察或者专门机构前来救援，而有些人则自发组织周围的人一起抗击风险，尤其是危险地带的居民在这一点上颇为擅长。在飓风、洪水、暴风雪、地震等自然灾害频发的地区，居民居安思危，采取各种预防措施并储存备灾物资。他们知道灾害一旦发生，救援人员不会马上到达，而且等待救援的灾民会很多。一些人则更过于谨慎，听从卡珊德拉的预言，认为周围环境污染无处不在，对他们而言，最重要的是呼吸新鲜空气，喝足够的水，深居简出，睡觉、吃饭，保证身体安全。这些人被称为"生存主义者"。

对假定风险的预防是一种生活方式，是一种生存于"风险系统之外"的生活意愿，而不仅仅是应对风险意外的准备。我们也应该像生存主义者那样，时刻武装，预防灾难。比如禽流感病毒，它或许会跨越物种传播，在鸡和人类之间传播，最后在人类中肆虐。

流行病总是出其不意地袭来。它会击中我们的家人，也会击中消防员、医生、送货员、超市收银员或是加油站工作人员，弥散蔓延，陆续有人被击中倒下，犹如多米诺骨牌效应一般。流行病学专家发表意见时往往语气凝重地说："我们关注的不是流行病是否发生，而是流行病发生的地点和时间。"

那您呢？您采取了哪些预防措施？暴雨导

致断电，您期待抢修人员迅速恢复供电，还是备有蜡烛或小炉子，还有被褥、储藏盒以及足够支撑一段时间的饮用水？您是否希望流行病永远不要发生？这些情况虽然属于日常生活风险的范畴，但与工厂的安全措施和深层防御并无二致。您可以选择将希望完全寄托在他人和当地政府身上，但自己最好也做一些预防工作，清楚哪些是自己能力所及的，哪些是力所不及的。

不过接下来是一个尴尬恼人的问题。您准备为这些花多少钱呢？纳税人已经为国家和地方的基础救援设施买单了。为了预防类似鼠疫的流行病，您真的会为家人准备足够生存几周，甚至几个月的必需品吗？对一件不是很可能发生的灾害，心理和物质上的准备并非易事。您可能会抱有侥幸心理，心想即使"鼠疫"发生，也不会出现在您所在的街区。您个人采取了哪些预防措施以保护家人安危？您是否期待他人的帮助？那么，您是否会立刻购买一台发电机，即使这台发电机每年可能只被使用几个小时，甚至从来也不会被使用？

这些问题将我们引向最后一个问题：生命的价值。您准备花多少钱保命？这个问题让人觉得不太道德，不是吗？好像生命可以标价出售！然而，改变一下措辞，这就变成了一个非常道德的问题：以我现在拥有的财富，能够拯救多少生命呢？花费一百万美元研究尖端医疗技术以延长少数人几个月的寿命，还是花费一百万美元购买防治疟疾的针剂以拯救三百万名儿童的生命（国际人道主义组织的统计^①），这是存在颇多争议的问题。

在公共卫生领域，降低风险危害程度尤为紧迫。我们自然会选择以微薄的资金去拯救更多的生命，然而实际面临的情况往往很复杂，正在进行的尖端研究往往与生产大量药品具有同样的意义，因为从某种程度上讲，制药生产本身也是被资助的尖端研究。我们不应该掩饰这样的事实，法国的公民享受着尖端医疗技术，而非洲居民却在遭受疟疾的肆虐。实际上，在法国，疟疾已于1973年被彻底根除。考虑降低风险的成本和增加利润之间的关系是很正常的，并非不道德。合理使用有限资源以求取得最理想的结果，如此一来，我们必须选择优先事宜。

---

① 如今全世界每年大概缺少三亿支防治疟疾的针剂，2015年出现了两亿疟疾病人，其中有438 000人死亡。——作者注

技术风险也是如此。成本／收益分析是一种被广泛使用的可行方法，人们常用这种方法计算决策后果的经济效益。人们还发明了一个叫作"生命价值参数"的中心参数。如何理解此处"参数"的含义很关键。它并非指人们为拯救某个人的生命而投入的资金数量，而是涉及一个统计公式的数学参数，尽管计算结果有些粗略，但是决策人员可以此为参考，决定是否可以采取某种措施拯救生命，并比较在不同领域的集体决策的效果。

限制汽车尾气排放势必会降低肺病死亡率吗？修整道路盲点势必会减少交通事故吗？难道我们不应该减少比交通事故、工作事故发生率更高的家庭事故吗？我们是否应该努力提升空气质量而不仅仅是水的质量？我们应该减少杀虫剂的使用还是肥料的使用？应该资助对抗艾滋病的研究，还是资助治疗进行性肌肉萎缩的研究？我们是否往往在某一领域投入过多，而在另一领域投入过少？哪些风险危害性低？这时"生命价值参数"便可以发挥作用帮助我们做出选择。专家们普遍使用的参数为100万 ~ 1 000万美元，而100万 ~300万美元则最为常用。如果将死亡率从千分之二降低至千分之一，个人需支付的金额则从一千美元升至一万美元。

风险的货币化评估，并不能完全体现实际情况的复杂性。虽然货币化评估是公正透明解决问题的必要措施，但除此之外，还要考虑到其他因素。一旦我们决定采取降低风险的措施，我们就面临谁来提供资金，谁又从中受益的问题。

　　当资助人和受益人都是同一人时（自然人或法人），则比较容易做出合理的决定。然而，如果受益人和资助人相距很远，甚至互不相识，那么利益的多样性就使得预防措施的选择复杂化，甚至会阻碍措施的实施。这属于前文问题清单中第八个问题的范畴：为什么我要为他人买单？

　　比如对于某些人的行为导致的污染风险，我们奉行公众利益至上的原则，应该由污染者买单。这个原则很简单，必须由污染者对其行为负责。因此需要建立明确的责任制度，由一个或多个污染者负责。实际上，污染者买单原则是基于公民责任感的最基本要求，每个人必须要承担自己不良行为的后果。对于导致全民受害的普通风险，相关规定会设限加强管理（如污染量超标检测、车辆限速、禁止标识等）。当危害发生，始作俑者就会受到民法或刑法的惩罚。所有这些管理机制具有同样的目的：决策者时刻要有风险意识和承担后果的责任意识。

社会准则和法律规定虽然不尽完美，但有助于增强每一位公民的责任意识，毕竟不是每一位公民都会一直对自己、对他人、对环境负有高度责任感。最基本的警示与惩罚机制会唤醒公民的高度责任感，不应该让他人成为我们自身行为的受害者。

民主讨论

讨论的结果是否能使大家的意见达成一致？如何制定全球标准，又该如何实施？

当规则和惩罚不能使高风险降至普通风险，人们就会寄希望于政客和公共权力，由他们决定采取哪种措施更有利于全民。然而我们能如愿吗？所有美杜莎类型风险情况表明：理性的应对措施并不足以在风险制造者或危险源与风险的受害者之间建立相互的信任与理解。有时公共权力的调解也无法达成意见的统一。

媒体事无巨细报道突发事件，当事双方由最初的意见分歧，最终演变成肢体暴力冲突，陷入僵局。至今我们依然记得塔尔纳河谷希文水坝修建事件，一方支持希文水坝引水工程以应对气候变暖，另一方则反对修建希文水坝，以保护塔尔纳河谷湿地的生态环境。双方争执不下，逐渐演化为暴力冲突，导致多名人员伤亡，最终水坝建造计划被放弃。这一事件是理性协商失败的典型案例。目前看来，冲突依然没得到彻底解决。

这一地区性案例有助于我们探讨促成协商成功的条件。接下来，我们讨论类似的国家性案例（核垃圾处理）和国际性案例（二氧化碳排放治理）。

法国东部核废料掩埋事件中逐步升级的冲突与希文水坝事件相似，持反对意见的一部分人士放弃继续对话，但双方最终并未发生肢体冲突。

全球专家大都提倡核垃圾掩埋，因为物理学自然规律表明废料的放射性本身会逐渐自然降低，这一过程或许要持续几十万年。问题的关键是核垃圾掩埋地点的选址，地质构造稳定是选址的首要条件。有些陆地表面的地质层曾经埋藏于海底数亿年，因而非常适合掩埋核垃圾。法国政府根据地质勘探结果，选择将核垃圾掩埋在东部地区地下500多米的黏土岩层。一亿六千万年以来，此处的地质层从未发生改变。据地质专家推测，在随后的一百万年，该地质层的稳定性足够使得放射性核垃圾自然降解。然而，这一科学论断很难得到公众的认可，即使在业内人士中也招致诸多反对意见。最近，激进人士抗议该项核垃圾掩埋计划，称其为"地下切尔诺贝利"。

以上事件表明，事情的关键在于如何更加民主地商讨核垃圾处理的问题，并达成全民意见统一。从结果来看，法国社会的民主商讨颇有成效，在这方面最成功的应该是斯堪的纳维亚半岛的国家。在核垃圾处理的原则和选址上，瑞典和芬兰两国全民意见上下达成一致。在美国，由于各大党派与各州之间的相互推诿，民主商讨进程被搁置。日本则一直处在起跑线上，核垃圾掩埋选址遵循市镇自愿原则。在德国，核垃圾风险究竟是独眼巨人、达摩克利斯之剑，还是美杜莎，民众对此争论不休，即使所有核电站项目均被停止，核垃圾如何处理的问题依然悬而未决。瑞士的民主文化已有百年之久，众多的委员会、理事会、团体机构，以及地方部门都积极参与核垃圾处理问题的讨论，然而进展颇为缓慢，瑞士民众急不可耐，忧心忡忡。政府已经选择黏土岩作为掩埋核垃圾的主岩[①]，接下来要讨论是否把掩埋基地由六个缩减到两

[①] 主岩是指能在其中建造高放射性废物处置库的岩石类型。作为处置库主岩应具有足够的体积和厚度、良好的工程地质稳定性和热稳定性以及阻滞放射性核素迁移的能力。——译者注

个（或三个）。

法国同样也选择了黏土岩，而且在20世纪末将四个掩埋基地计划缩减至一个，即比尔基地（位于默兹省和上马恩省的边境）。地下实验室的技术研究已经展开，而政府却久久举棋不定，因为有关此事的民主讨论尚无定论。各方代表、地方信息委员会、全国放射性垃圾管理规划局、相关课题国家研究发展委员会，以及秉承公开透明原则的高等委员会等均参与其中。另外还有负责提案、决议及执行的相关职能部门。民主讨论已经进行了十年，但还是没有达成放射性废料安全处理的一致意见，几年后甚至数十年后的结果不得而知。核垃圾的处置与国家政治密切相关，全民统一的国家决策将是民主的胜利。与核垃圾的处置相比，全球气候变暖问题则复杂得多，是卡珊德拉的预言。三十多年来，人类排放了过多的二氧化碳，相关研究表明这会引起温室效应导致地球气候变暖。多年来，气候学家一直在提醒公众 21 世纪气候势必会变暖。近年来，气象专家也发出气候变暖的警告。通过气象预报，我们不仅能够获知未来几周的天气情况，而且了解到地球平均温度正在不断地打破纪录。气象图像与数据分析图表时刻提醒我们，卡珊德拉的预言正在逐日变为现实。

我们很难对全球气候变暖的危险加以风险分类。最初是皮提亚，后来变成卡珊德拉。气候变暖风险步步紧逼，引起的危害令人愈加难以忍受。但气候变暖的危险具有全球性的特点，如何应对气候变暖是一个极其复杂的问题。人们无时无刻不在排放二氧化碳，衣食住行、取暖或制冷，以及各种技术产品的使用都会增加二氧化碳的排放量。人类若想减少二氧化碳的排放，就需要改变生活方式。生活舒适与减少二氧化碳的排放可谓是鱼与熊掌不可兼得。我们再一次求助于古希腊先人的智慧，这次不是神话而是修辞学。术语"绿色增长"的内在矛盾是一个典型的矛盾修辞法。避免全球气候变暖，需要197个主权国家共同协作，因此需要对全球的能源消耗方式进行一次革命。无论是经济落后的国家，还是已经从能源高消耗中获益的发达国家，均不肯接受降低能源消耗，因为降低能源消耗意味着经济减速。

应对全球气候变暖，有以下两种国际协作方式正在发挥作用，并带来一定的希望。一种方式是国际科技组织，即政府间气候变化专家委员会（intergovernmental panel on climate change, IPCC）。专家针对全球气候变暖现状，研究应对措施。该委员会由于贡献突出，于 2007 年获得诺贝尔和平奖。

另一种是国际政府间的协作。1992 年，在里约热内卢，由联合国倡议，众多国家签署了关于气候变化的初步协议。所有签署国必须遵守协议的规定治理二氧化碳的排放，每年举行气候大会。2015 年，第 21 届全球气候变化大会在巴黎举行，与会各国达成统一协议。第三种方式是国家自主行为，各国政府要按照协议规定，自主限制本国能源消耗。未达到协议规定要求的国家，仅仅被征收少量二氧化碳排放税。问题的关键就在于此，从决策到行动之间，哪个政府会严格遵守协议，或者至少尽可能地遵守承诺？2016年第22届全球气候变化大会在摩洛哥举行。虽然越来越多的人已经意识到地球气候快速变暖带来的危害，然而更多的则是束手无策。难道我们要等到危害更严重、更不可逆的时候才幡然醒悟吗？要等到能源枯竭、食物和饮用水匮乏导致无数人性命堪忧的时候才采取行动吗？我们应该积极主动地寻求应对措施，全民参与，但要避免无休止的争论，并催促政府采取实际性的行动。前文中提到的生命价值问题再一次摆在我们眼前，让我们无处逃避。

气候变暖导致气温不断地打破纪录，造成北极冰川融化，极端气象频发。这些都会长期危害我们的生活。有的专家担心一些不可逆的危害性后果出现，比如被困在冻土里的甲烷将会释放，甚至更糟糕的情况，比如墨西哥暖流的终止将会改变海洋的盐浓度。若要改变这一切，除了政府的财政投入，我们每个人在日常生活中又该如何行动以降低能源消耗？

面对气候变暖的灾难，加速决策进程，尽早采取行动至关重要。与应对气候变暖相比，核废料的处置显得微不足道，民主商讨自然必不可少，但是如果一个国家对核垃圾处理这样的技术问题都很难做出决定，那又如何对抗全球变暖这一更大的威胁呢？目前看来任何一种解决方案都难以企及这一目标。

探险即将结束，在此建议读者朋友记住如下几点，希望能够对您有所帮助。

零风险是不存在的。风险无处不在，我们不必害怕，而要学会处理日常生活中的风险。

不可忍受的风险是存在的。应对它需要快

速、一致的行动，以避免它从不可忍受转变成不可逆转的危害。

　　至少有一种风险，比如气候变暖，全球政治和科技的最新成果都致力于降低这一风险，然而效果并不明显。您自己打算对此采取什么样的行动？一己之力足够吗？还可以做些什么？

　　所有其他的风险都有可能发展为普通风险。我们要全力以赴，辨识皮提亚的意图，迎战从潘多拉魔盒逃出的恶魔，听从卡珊德拉的建议并采取行动，安抚达摩克利斯，提高独眼巨人的视力。至于美杜莎，她可能仅仅是我们从中看到自己内心恐惧的一面镜子。面对所有这一切风险，我们都要提高对风险的认识，加强预防意识，更为民主地商讨，直到把将这些风险变成我们生活中的一部分，我们要学会应对，并与之共处。

专业术语汇编

危险

一种情景、行为或者一件物品对某人或某物造成的威胁。

风险

人们担心的事情突然发生的可能性和后果的严重性。

深层防御

实施多层连续防御，便于预防技术类故障或人为故障导致的突发事故(安全领域)。

大流行病

一种在全球人口中传播的疾病(健康领域)。

预防原则

针对风险的不确定性而制定的原则，结合现有科学技术而采取实际有效的措施以预防风险(环境、健康、食品领域)。

应变力

个人面对困难情形或压力骤增的情况下所表现出的应变能力，能够"重新振作"走出困境。